创新设计思维与方法

丛书主编 何晓佑

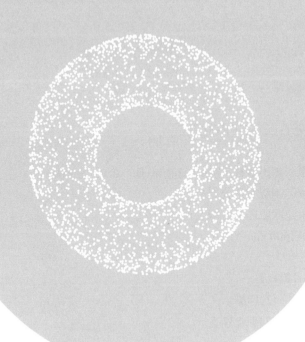

假设性设计
反事实的优化设计

刘 恒 著

江苏凤凰美术出版社

图书在版编目（CIP）数据

假设性设计：反事实的优化设计 / 刘恒著.
南京：江苏凤凰美术出版社，2025.6. -- (创新设计思
维与方法 / 何晓佑主编). -- ISBN 978-7-5741-3237-5

Ⅰ.TB472
中国国家版本馆CIP数据核字第20253KD344号

责任编辑　孙剑博
编务协助　张云鹏
责任校对　唐　凡
责任监印　唐　虎
责任设计编辑　赵　秘

丛 书 名　创新设计思维与方法
主　　编　何晓佑
书　　名　假设性设计：反事实的优化设计
著　　者　刘　恒
出版发行　江苏凤凰美术出版社（南京市湖南路1号　邮编：210009）
制　　版　南京新华丰制版有限公司
印　　刷　南京新世纪联盟印务有限公司
开　　本　718 mm×1000 mm　1/16
印　　张　13.5
版　　次　2025年6月第1版
印　　次　2025年6月第1次印刷
标准书号　ISBN 978-7-5741-3237-5
定　　价　85.00元

营销部电话　025-68155675　营销部地址　南京市湖南路1号
江苏凤凰美术出版社图书凡印装错误可向承印厂调换

前言

　　当一个国家处于创新驱动发展的时期，设计创新便能够成为一个推动国家生产力发展的高级生产要素。设计创新需要创造力、创想力，而创造、创想从何而来呢？英国设计理论家克罗斯曾指出：虽然设计者习惯凭借经验和技巧解决问题，但并未确切明白自己是如何解决问题的。

　　设计者的设计经验是其长时间对某个设计领域的创意、决策、实践所产生的认知积累，灵感——构思——实施则是对设计过程的描述。在设计创意阶段，设计者首先会借助经验的启发进行设计前提条件的搜索，进而形成模拟性的假设和预想，这个过程也可以理解成设计思维中的一种不确定性推论，并且这种经验性的启发、推理、判断的心理机制往往呈现出一种循环往复的思维模式，有时甚至是在瞬时间完成的，一旦达到了灵感和经验的契合，设计者便会进入设计的实践阶段。因此，我们可以认为设计者的设计思维是具备假设性前提的，但经验性的思维定式有时也可能会束缚设计者对设计问题的理解，乃至影响其创造力的产生。

　　根据西蒙提出的"有限理性"概念，卡尼曼和特沃斯基进一步提出了人类决策、判断的四种思维启发式，而反事实思维即是思维的模拟性启发式。反事实思维是人们在心理上对过去已经发生的事件进行否定，进而构建出一种可能性假设的思维活动，因此，反事实思维又称假设思维，而反事实理论则是反事实思维研究成果的集合。所以，将反事实理论导入优化设计研究可以深入分析设计者推理和假设的形成过程，并有效地指导优化创新设计的形成。

　　本书的核心内容主要由四部分组成。第一部分：对创新、创造、反事实思维、设计启发式、优化设计等理论进行了综述，同时界定了"优化设计"的研究范围；第二部分：通过对优化设计思维启发形式的研究，导入反事实理论对优化设计思维中的推理和假设进行了分析和论述，构建了优化设计思维模型并对其进行了验证；第三部分：首先构建了以技术哲学为支撑的产品设计需求模型，并提出"由因及果"向"由果及因"的思维路径转化是启发设计者跳出思维定式的方法，其次提出了产品需求的两条实现路径及产品优化创新的"分析策略"和"假设空间模型"，最后通过反事实思维前提条件假设的三种形式，提出了产品优化创新设计前提条件的假设方法；第四部分：首先通过实验验证了产品优化设计思维方法对设计者思维的启发性及提升设计创新的有效性，其次将产品优化创新设计前提条件假设方法应用于设计创新实践，证实了方法理论的可行性。

　　本书适合三类读者阅读：首先是产品设计师，当产品设计创新遇到瓶颈的时候，本书提出的产品优化创新设计方法会启发产品设计师摆脱设计经验的束缚，并通过对产品前提条件的分析、推理和重构寻求到更多创新的可行性；其次是设计学类的研究生，本文的论证逻辑及设计思维模型的可视性呈现会给予尚处于研究阶段的学生论文写作方面的帮助；再次是设计理论研究领域的学者，本书所运用的综合研究方法是一次混合研究的尝试，通过反复运用阶段性的溯因、推理、构建、检验的方式，探寻理论结合实践的论证模式，为设计理论研究者提供一个可行的研究范式。

　　"假设"既是一种思维又是一种路径，也可以看作是一种方法，设计创新离不开思维的创新、方法的创新，这些都是设计理论研究要解决的问题。本书将反事实假设用于对设计思维的研究，推进了基于心理学的设计启发式的理论研究深度。笔者认为：无论从问题解决的角度还是从创新产生的角度，假设性设计思维与方法作为一种启发设计创新的有效路径必定会在今后的设计研究和实践中产生重要的价值。

目录

第一章 绪 论

本章首先强调当国家处于创新驱动发展的阶段，生产要素的高级化、专业化已经成为国家生产力发展的重要因素，而"设计创新"作为一种高级生产要素，已经成为各国创新驱动发展的一条重要路径。其次，分析了设计思维的创造性特征，明确了设计思维是设计创新的核心。接着，通过对优化设计和设计启发式的阐述，探讨了本文的研究价值和可行性，并介绍了设计思维及反事实理论的发展状况。最后提出了本文基于反事实理论进行设计研究的价值、目的和意义，确定了本文的研究框架及内容结构，并介绍了本文的研究方法。

1.1 研究背景

1.1.1 创新驱动发展的时代

20世纪初，奥地利经济学家熊彼特在《经济发展理论》一书中提出了"创新"的理念（约瑟夫·熊彼特，2020），之后的100年里，在人类进步和社会发展的不断践行下，"创新"已从经济学的关键词扩展到时代发展的各个领域。美国哈佛大学的迈克尔·波特教授曾在《国家竞争优势》一书里提出：在国家的层面上考虑，"竞争力"的唯一意义就是国家的生产力（迈克尔·波特，2012）。经济发展会提高国家的生产力，但每个国家的经济发展过程不同，同时所处的发展阶段和类型也不尽相同。波特进一步提出驱动国家经济发展的四个阶段，即：生产要素导向阶段、投资导向阶段、创新导向阶段、富裕导向阶段（迈克尔·波特，2012），如图1-1所示。

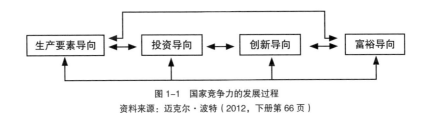

图 1-1 国家竞争力的发展过程

资料来源：迈克尔·波特（2012，下册第66页）

波特强调：国家竞争力发展的四个阶段并不完全是按顺序进行或必须经历的，也有跳跃式发展或逆向转型的，但当国家经济处于创新导向阶段时，生产力的效率也会趋于最强、最稳定。观察当下，美国、德国、日本、意大利等世界发达国家正处于"以创新导向为驱动"的阶段，同时这些国家也即将步入富裕导向阶段（迈克尔·波特，2012）。

创新离不开资源，创新活动为资源赋予了一种新的能力，创新本身就创造了资源（德鲁克，2002）。在创新驱动的时代，生产要素已成为创新的重要资源，创造及提升先进化、专业化的生产要素也就成为创新的基本条件。波特在"钻石体系"中提出了国家竞争力优势的四项关键因素，即：生产要素、需求条件、相关产业与支持性产业、企业战略，并指出其中任何一项因素的效果都必然影响另一项的状态（迈克尔·波特，2012）。

作为钻石体系关键因素的"生产要素"，是国家创新驱动的基本资源，是互通有无的根本。波特将"生产要素"置于国家竞争力的四项基本因素之首，并强调：生产要素通常是创造得来而非自然天成的，创造、升级及专业化人为产业条件是最重要的。同时，波特将生产要素进行了详细的分类，如表1-1所示。

从波特对创新驱动的生产要素分类中可以看出，当国家处于创新驱动发展阶段的时代背景时，生产要素也从初级转向高级，从一般性转向专业性。迈克尔·波特（2012，上册，第73页）指出："专业性和高级生产要素通常是创造出来的。"高级生产要素是融合在一个公司的产品设计和发展过程之中的，而专业性生产要素则限制在技术性人力、先进的基础设施、

表1-1 钻石体系中的生产要素分类

生产要素	分类
按类别划分	人力资源、天然资源、知识资源、资本资源、基础设施
按阶段分类	初级生产要素（basic factor）、高级生产要素（advanced factor）
按专业程度分类	一般性生产要素（generalized factor）、专业性生产要素（specialized factor）

资料来源：迈克尔·波特（2012）

专业知识领域等明确且针对单一产业的因素（迈克尔·波特，2012）。

当下，中国经济正处于创新导向发展阶段，以体现创造力为核心的"设计创新"正以其先进的思维方式及专业化的技术手段影响着生产力发展的各个方面，已经成为当下驱动国家创新发展的重要生产要素。

1.1.2 设计创新的驱动力

自18世纪中期的第一次工业革命起，到以创新为经济驱动的当下，人类社会正以互联网下的信息发展为基础，迎接着"第四次工业革命时代"的到来（李仲周，2019；世界经济论坛、麦肯锡公司，2019；陈友骏，2018；宁朝山，2019）。科技创新一直是促进生产力发展的主要途径，但是，著名的英国经济学家约翰·霍金斯在《新创意经济3.0》一书中将创意产业作为一种资产，提出了创意经济的创新力。据霍金斯（2018）的统计，当前，欧洲、美国以及日本的核心创意产业所占GDP的比重已经突破了12%，并且，正在持续高速增长。霍金斯将艺术、文化、设计、媒体和创新汇集构成的核心市场称为"创意经济核心领域"。当"创新驱动"逐渐成为经济、科技、技术、文化、设计等领域的关键词时，"设计创新"便成为驱动国家创新发展的一条重要路径。

当今的中国已经发展为世界第二大经济体，设计创新作为一种推动经济发展的驱动力正在逐渐显露。2016年，首届世界工业设计大会在中国召开，大会以"设计·生产力"为主题，强调了设计作为推动生产力发展的重要意义（白星星，2016）。随后，2018年的"设计·生态"、2019年的"设计·动能之光"、2020年的"设计·智向未来"三次世界工业设计大会的会议主题，将设计驱动创新推向了一个时代顶点（世界工业设计大会，2020）。连续四届世界工业设计大会的召开及发展方向定位，明确了"设计创新"已经成为驱动时代创新发展的重要生产力。

然而，多重的时代属性特征推动了生产要素高级化、专业化的同时，也对设计创新提出了更强烈的挑战。从技术层面到信息处理层面，再到决策加工层面，人工智能和大数据的应用取代了人类的众多行为和决策。传统行业的思考模式正面临着人工智能和大数据的挑战，"人工智能"依托大数据和复杂的技术体系正处在不断地自我学习中（李开复，2018）。尤其面对人类社会及环境的系统性、复杂性及不确定性的加速变革，创新的思维、策略研究也将随之升级。此时，整个时代的发展对一直强调"以人为本"并善于运用创新思维的设计工作者们提出了挑战。

随着"第四次工业革命时代"的到来，设计学作为一门复杂的、交叉的学科，所面临的设计创新的研究问题与日俱增。时代的变化对我们已有的知识、经验、思维、逻辑及创造力提出了挑战，刺激了我们的创新意识。面对设计（design），设计研究者该如何思考创新和创造力的问题？如何寻找创新的根源并在方法上去引导、启发设计创新？这些是当下设计研究工作的重要问题。笔者认为，宏观的设计问题或许会在微观的理论研究中找到解答。

1.1.3　设计思维推动设计创新

在设计研究领域，自1919年德国成立的"包豪斯"（弗兰克·惠特福德，2001）到当下美国斯坦福大学的设计研究所（Stanford d. school），设计研究的重点已经从对功能与形式的探讨转向对思维与观念的创新。设计作为一门交叉性学科，其研究范式和创造力的价值评判发生了根本转变（Crilly，2010；Cross，2001；Cross，2019）。这些研究现象的变化逐渐体现了"设计思维"的兴起已经成为推动设计创新的重要方式。那么，设计思维所关注的问题又是什么呢？笔者认为，这取决于设计（design）一词的复杂含义。从《三国志》里的"重相设计"（陈寿，2003，第26页）到科学家霍金的著作《大设计》（斯蒂芬·霍金、列纳德·蒙洛迪诺，2011），再到蒂姆·布朗的《IDEO设计改变一切》，"设计"的概念截然不同，但有一点，设计必定始于一种计划，设计也包含着创造。在新的时代背景下，设计创新的驱动成效越来越明显，而人类的创新常常被设计思维所引领（林鸿，2017）。所以，若要探讨设计的创新价值和解决问题的创造力手段，就需要涉及对设计思维的研究。

"设计思维"既可以看作是设计者改变世界的认知体系，又可以看作是一种研究设计者如何创新、创造的方法论系统。近些年，设计思维（design thinking）的创新方法被应用于多个领域，并以用户为中心，以创新为目的，在商业、教育以及各个领域推动着社会的变革（王可越、税琳琳、姜浩，2017）。蒂姆·布朗试图将模糊的设计思维清晰化，通过IDEO的创新策略激发每个设计者的设计思维，并应对商业挑战，包括新产品研制和开发的创新服务、品牌和体验的定位、组织框架及商业模式的制定等。他将设计思维看作是一种系统化的创新方法，并指出：设计创新过程是由彼此重叠的空间而构成的系统，即灵感、构思、实施，从而引领IDEO创意公司推动了数家全球顶级企业的商务创新（蒂姆·布朗，2011）。乔纳森·卡根教授与克莱格·佛格尔教授提出的INPD（Integrated New Product Development，整合新产品开发策略），便是一种从产品策划到专案实施的产品开发综合途径。宝洁（Procter & Gamble）公司、卡夫（Kraft）公司、波音（Boeing）公司等国际领军企业均采纳了其理念及方法，从物理产品到服务设计整合，再到对开放性创新的定性研究策略，他们的"设计思维"也成了寻求更多创新性方法的重要组成部分（乔纳森·卡根、克莱格·佛格尔，2017）。IT领域资深专家克里斯·布里顿提出的情境驱动设计（context-driven design）方法，通过理解、猜想、细化、分析四个步骤提出"设计"是对想要构建的事物或系统做概念化的处理，通过提出假说及试图证伪的办法，充分利用猜想的形式来创建设计方案，并构建了IT开发设计体系的六框模型（six-box model of design），从情景设计到产品实现全程地呈现了设计思维的全貌，解决了用户需求设计的问题（克里斯·布里顿，2017）。卢克斯、斯旺与格里芬（2018）编著的代表美国产品开发管理协会（PDMA）产品开发精髓及实践的《设计思维》一书，从产品创新与设计管理角度对设计思维在产品开发和创新中的应用进行了深入的研究和归纳，总结了诸如消费者画像、用户体验地图、设计启发式、产品开发故事和原型、设计融入创新过程的模糊前端、服务设计、颠覆性新产品的优化设计、未来设计、可持续设计思维等一系列前沿的设计思维方法，同时这些方法通过实践推动了企业的创新和新产品的开发，也为产品开发中的设计创新问题提供了帮助。

当下，制造业的发展已经点燃了技术创新之光（世界经济论坛、麦肯锡公司，2019）。作为设计领域的创新研究，设计思维创新势在必行。布朗强调：设计思维是解决创新的另一种方式，设计思维并非始于技术研发，设计思维始于人，人的渴望和需求，理解消费者和市场环境才能寻求突破性创新（蒂姆·布朗，2011）。但预感、酝酿、洞察、直觉等不是通过直接观察所得到的（詹姆斯·亚当斯，1998）。所以，设计思维的研究已开始深入到对设计者思维的启发、决策的形成、系统的构建等多方面的综合研究。如今，国外设计思维的方法和理念已经成了众多企业和设计者设计创新的必要依托，其来源包含软件开发、工程学、人类学、心理学、艺术及商业等复杂的学科交叉，其本质是多学科的发展与行业需求融合、演化的产物（迈克尔·G.卢克斯等，2018）。

设计思维的研究是趋向多维的，既有对宏观设计过程层面的解读，也有对微观设计认知层面的研究，而这些恰恰需要在复杂的理论层面进行分析、梳理。解读设计思维的创造力并不是凭空设想，而是需要集中在某个研究领域去对设计思维进行深入研究，只有这样，才能更好地推进设计的创新。在心理学研究的支撑下，利用人类思维的启发式作为设计者设计思维的依托，并形成推动设计者设计创意生成的工具，已经成为设计思维方法研究的一个重要方向（迈克尔·G.卢克斯等，2018）。那么，究竟人类启发式的研究和成果对设计思维创新的确切意义何在，及如何更深入地利用心理学理论去分析、构建设计思维的启发方法，将成为设计启发式未来研究的一个重要命题。所以，本文在此命题的基础上提出了"基于反事实理论的优化设计研究"。该研究是否能够推动设计启发式研究并同时成为推动设计创新的一条新的路径？这两点成为本研究的核心问题，也是本研究的核心目的所在。

1.2 研究现状及选题的由来

1.2.1 何为反事实理论

赫伯特·西蒙（2016，第7页）指出："构成归纳之基础的事件，有赖于复杂甚至不稳定的观察、感知和推断。"关于人类思维的启发和决策判断的研究，一直是心理学和经济学领域的研究重点。诺贝尔经济学奖获得者著名心理学家卡尼曼教授在《思考，快与慢》一书中，归纳描述了人类思维在不确定状态下进行决策的四种"启发式"（heuristics），即可得性启发、代表性启发、锚定性启发和模拟性启发，反事实思维即是人类思维的模拟性启发（丹尼尔·卡尼曼，2012）。反事实思维是由卡尼曼和特沃斯基首先提出来的。反事实（counterfactual）从字面上理解，即是与事实相反。反事实思维（counterfactual thinking）指"人们在心理上对过去已经发生的事件进行否定，进而构建出一种可能性假设的思维活动"（Kahneman & Tversky，1982）。反事实思维是引导人们对"既定事实"以外的可能性进行假设和推理的一种人类共有的思维模式，往往体现在后悔、反省的情境当中，进而又影响了假设、推理的分析过程（Kahneman & Miller，1986；Kahneman & Tversky，1982）。

"反事实思维"是来自对counterfactual thinking的直译，是国内心理学研究领域达成基本共识的称谓。但也有国内学者直接将其翻译成"假设思维"，其原因是认为counterfactual thinking一词源于哲学，而心理学家在20世纪80年代才开始对其进行研究的（张结海、朱正才，2003）。另有学者将其翻译成"虚拟思维"，其原因是强调这一思维的虚构性和假设性，并认为人类通过反事实思维得到的结果通常是虚拟的假设推理命题（蒋勇，2004）。而学者陈俊、贺晓玲与张积家（2007）认为：counterfactual thinking字面意思就是与事实相反，并且Kahneman和Tversky提出这一研究时是想定义其"对过去结果不真实的替换式"的特征，所以，更加强调其"撤销"的功能，而虚拟思维和假设思维更加能够解释的是其"想象和创造"方面的含义，所以，对于构建研究性来说并不贴切和完整。总之，这些定义均带有不同的研究分析角度，至今仍存在着争论，但被学界广泛认可和采用的定义仍是"反事实思维"。因此，本文出于对优化设计研究的特殊性分析，即优化设计进行的必要条件及出发点源自设计"基点"这一特征的考虑，本研究仍采用"反事实思维"这一称谓。反事实思维也常用于心理学、管理学的后悔心理和决策生成的研究。

反事实思维不代表反事实理论，"理论"是系统化了的理性知识，也是概念和原理集合的体系。反事实理论是指：自卡尼曼和特沃斯基提出反事实思维以来，国外学者对反事实思维后续的系统研究、推进并归纳出的系统化的知识成果。其中最具代表性的有"范例说"（Kahneman & Miller，1986）、"功能说"（Epstude & Roese，2008；Roese，1997）、"目标指向说"（Roese，1997；Kray，Galinsky & Wong，2006；Epstude & Roese，2008；Roese，1994）、"两阶段模型论"（Roese，1997）、"心理模型论"（Bryne & Johnson，1989；Legrenzi，1993）等。这些研究形成的理论有着不同的时间性、阶段性，并已经得到了心理学研究领域的认可。心理学家研究反事实思维主要是围绕其引导情绪体验及因果推论的机制来进行的。对反事实思维后期研究影响较深的理论主要是"范例说"和"目标指向说"，前者更倾向于反事实思维是自发性产生的，而后者的研究更倾向于反事实思维受归因、态度等认知因素的影响（陈俊等，2007）。

国内学者对反事实思维的研究基本是从2000年以后开始的，内容包含概念的界定、生成的机制、实验方法的修正、理论状况的综述等（杨红升、黄希庭，2000；张结海、朱正才，2003；卿素兰、罗杰、方富熹，2004；蒋勇，2004；张坤，2005；陈俊等，2007；陈满琪，2008）。其他关于反事实思维的扩展性研究多集中在管理学、教育心理学、语言学的研究方面，其应用多集中在精神与人格、道德与伦理、创新与创业、青少年犯罪等社会科学层面。

虽然反事实思维的研究开始于心理学，但也有学者将反事实理论引入经济学和管理学领域，用以解释情绪与策略之间的相互影响以及对决策的后悔特征和形成机制等问题（李芳芳，2010；马云飞，2012；陈江涛，2008；张晋菁，2018；刘波，2007）。笔者认为：借助成熟的反事实理论，同样可以分析设计者设计思维模拟性启发的特点，包含逻辑、推理、假设等思维过程，进而探求设计创新思维产生的本源。

西蒙（1982/1987）将设计的核心问题定义为思维和决策。然而，设计者在问题探索过程中的策略往往是以经验性为启发的，经验性的思维定式有时会束缚设计者对设计问题的理解，乃至影响设计者创造力的产生，这就有必要对设计思维启发形式进行研究。在设计过程中，对问题理解创造性的创新可能会直接导致更有创新性的解决方案的生成（Daly，McKilligan，Studer，et al.，2018）。设计创新离不开创新思维的启发，创新思维的"启发式"能够有效启发设计创新思维，使创新有效地展开（尹翠君、任立昭、何人可，2007）。

1.2.2 何为优化设计

"优化设计"在英文词典里并没有直译的词汇与其对应，这明显是由于"优化"和"设计"两个概念的宽泛性所造成的。词典中对优化的词义有多重解释，"优化"（optimization）对应的解释是"使某物（例如设计、系统或决策）完全完美的行为、过程或方法，是功能性的或尽可能有效的"（Webster，2019），这是对优化的直接解释。若寻求对应的扩展词组"优化设计"，对应的解释则呈现为以数学理论为基础的概念分析：优化设计（optimal design）是一种规格化的设计方法，它要求将设计问题按规定的格式建立数学模型，选择合适的优化方法及电脑程序，然后通过计算获得最优的设计方案（智库·百科，2013）。这里所指的"优化"，实质上被定义成"最优化"（optimize），是数学、运筹学等领域的一个分支，主要是以数学规划为基础的方法。在工程学领域，最优化设计可以称为"定量最优设计"（R.L.福克斯，1981），也可以说，对于要确定已经选定方法中一系列设计的"量"，假定所选数值不仅能够使设计满足全部的限制因素和条件约束，而且还能使设计在某种情况下是最好的，这就得出了最优设计。这种方法或算法不可能使计算机创造出新的设计解决方法，只能使其在一定的设计限制下，去对预定的设计想法进行优化（R.L.福克斯，1981）。

在管理学研究领域，优化设计属于创新的一种重要方式。管理学家艾科夫在《优化设计》一书中提出：优化设计是一种有关变革的思维方式，其核心目的是在找到最理想的解决方案之前，使思维不遭遇虚设的障碍（艾科夫、马吉德松、艾迪生，2009）。艾科夫等人强调了优化设计思维创新、变革的属性，并明确了优化设计是先于选择最优结果而发生的思维革新。管理学领域的另一位思维优化专家爱德华·德·博诺（2016）提出了创新思维优化的六种不同纬度的思考方式，即"六项思考帽"法，通过假想的方式，聚焦并转换思维维度，高效解决了企业创新的复杂思考问题。可见，优化设计蕴含思维的优化，优化设计不仅能带来实践问题的解决，而且能够带来思维的革新。

在设计研究领域，创新与优化常常是并列出现的，少见对优化设计独立的研究，可以说，优化设计包含在创新设计研究之中。设计研究专家唐纳德·诺曼教授以创新效度为标准，将设计创新划分为渐进性创新与激进性创新，其中渐进性创新指的是给定解决方案内的提高（把已经做的做得更好），激进性创新指的是框架的变化（做之前没有做过的）（唐纳德·诺曼、罗伯托·韦尔甘蒂，2016）。这里提到的"渐进式"的创新，即是设计领域对优化设计的一种解释，优化设计包含了连续性的、改进的过程。而"激进式"的创新也可以用来描述优化设计中的思维变革，优化创新设计往往也可以被认为是激进的。卡根教授和佛格尔教授在《创造突破型产品》一书中提出：产品开发的目标就是通过引入革命性产品或对已有产品的改进，革命性的新产品也可以是从现有产品线中演进而来的产品，这类产品需要被注入新的价值并维持与消费者的联系（乔纳森·卡根、克莱格·佛格尔，2013/2017）。

卢克斯等（2018）在《设计思维》一书中介绍了由学者霍夫勒、赫曾斯坦、金兹伯格团队所提出的"颠覆性新产品的优化设计"。该团队指出：颠覆性新产品就像一种机会，需要改变目前使用的许多方法才能实现成功，并介绍了六种方法：1.公布挑战目标（颠覆性新产品）；2.回望过去，放眼未来；3.在整个消费链中集中推广新型技术；4.鼓励运用类比思维；5.为简单问题寻求全新的解决方法；6.通过众包吸引更多创意者。笔者将这六种方法理解成为：创新目标制定、优化基点分析、前提条件引入、情境假设生成、设计概念提出和创新设计推广。可以明确的是，这种颠覆性优化设计的目标是由"创新"所驱动的，这与本文提出的产品优化创新设计研究目标是一致的。

以上这些研究都包含优化设计的内容，可以看出优化设计在设计创新研究中的重要价值。笔者认为：优化设计可以理解成变革设计原有状态，并能够使设计变得更优、更好的一种途径和方法，而采用这种途径和方法的设计思维即可以称之为优化设计思维。

1.2.3　优化设计的研究现状

通过本文对中国知网1993—2023年的"优化"与"创新"共同主题文章发表年度检索的结果可以表明：优化是创新研究的重要方向，关于两大主题的相关研究在2023年正处于高峰阶段，如图1-2所示。笔者认为，这种研究主题热度快速升高的现象表明，优化设计带来的直接或间接的创新研究已经引起了学界的重视。

如图1-3所示，笔者又通过对关键词"优化设计"的研究层次分布检索发现，关于优化设计的相关研究68.21%集中在技术研究领域，12.18%集中在技术开发领域，7.53%集中在工程开发研究领域，5.39%集中在应用基础研究领域，2.39%集中在工程研究领域，并且，以上

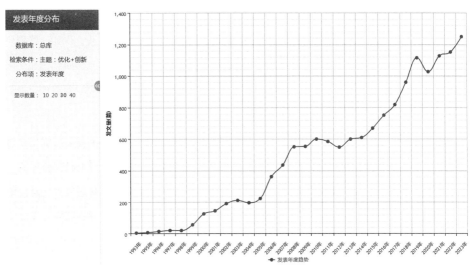

图1-2　"优化"与"创新"共同主题文章发表年度检索
资料来源：中国知网（2019）

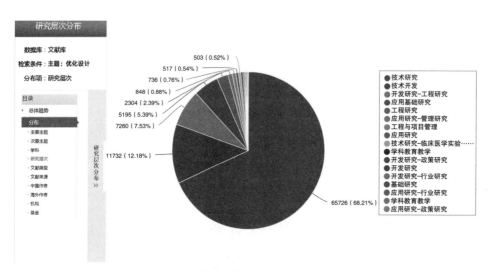

图 1-3 "优化设计"的研究层次分布检索
资料来源：中国知网（2019）

研究领域基本属于自然学科研究范畴。笔者又观察到，在社会科学及应用研究领域，优化设计的研究则呈少量且零散分布状态，相关研究多倾向于具体的基础应用实践，例如：管理研究、应用研究、行业研究、学科教育教学、政策研究等统计与现象问题的社会研究领域。以上这些数据的呈现表明了优化设计的研究在国内多偏向于技术和应用的研究，而将优化设计作为一种独立设计理念层面的研究则并不明显。

笔者进一步对国内学界"优化思维"的研究发稿状况进行检索，发现直接与优化思维相关的文章仅有53篇，主要分布在社会科学领域。这些文章里包含少量与本研究有关的文章，例如：探讨优化思维的属性与结构的文章（孙伟平，1994），探讨优化思维产生环境的研究（夏振鲁，2012），注重对优化思维启发性研究的文章（苗永娟，2016；张娇、罗娇，2007；杨海英，2011；蒲再红，2017）。但是，以上关于优化思维的研究很难脱离创新的研究而独立存在，也不能直接应用于设计学理论的研究。

综上所述，优化设计作为创新驱动的一种方式具有一定的研究基础，但这种优化设计创新并没有被直接纳入设计学研究范畴，设计学领域的"优化设计"常常伴随设计问题的定义而存在。在设计学研究领域，以发现问题为驱动的设计策略和以解决问题为驱动的设计策略是两种不同的思维方式（Kruger & Cross，2006）。以发现问题为驱动，往往指的是"创新"的发现，而并不是基础问题的发现；以解决问题为驱动则是以"问题解决方案"为结果的设计。两者也时常使设计者产生混淆，进而影响设计者设计思维的创造力。因此，若想借助优化设计达到设计创新的目的，就要在跨学科领域里，针对优化设计的创造性启发模式和思维形式进行深入的研究。

1.2.4　反事实理论导入设计研究的价值

1.2.4.1　反事实理论的启发价值

首先，反事实思维启发设计者的思维假设。反事实思维是人类四种思维启发式之一，也被称为思维的"模拟性启发"。正是这种思维的"模拟性"使得反事实思维具有强烈的假设特征，所以反事实思维常常影响人类决策的生成。艾科夫等（2009）指出：设计者在设计过程中，常常会被迫考虑某些假设，而这种考虑常常会使设计者发现既有的设计对象中存在的众多不合理的成分，这样，设计者便会从中找到可以进行改进或替换的空间。但克罗斯（2013）指出：虽然设计师习惯凭借经验和技巧解决问题，但并未确切明白自己是如何解决问题的。设计思维具备这样的特征：既感性又理性，既依靠经验又保持逻辑。灵感、创意、推理、假设常常决定设计者的思维是否能够产生创新，因此，将反事实理论导入设计研究，会更好地研究设计者的设计思维过程，并且引导设计者充分利用假设思维来启发设计创新。

其次，反事实理论启发设计者的推理形式研究。心理学家研究反事实思维是为了更好地探求这一思维特征对人类行为决策的影响，而本文则是借助反事实思维的理论研究成果，对优化设计的思维推理形式进行研究。具有模拟性启发的反事实思维时刻伴随着设计者思维的改变，由于反事实思维表现的"如果……那么……"的推理形式构建了设计者形式逻辑的思维框架，进而会给设计者带来创造性的启发，但设计者也可能因此陷入思维定式，所以，借助反事实理论中关于反事实思维运行过程的理论解释，能够为设计者更好地推理及设计分析提供有效支持。

再次，反事实理论启发产品优化创新设计的构建。产品的设计创新在被提出来之前是没有清晰的问题预设的，往往是设计者在虚拟的设计背景下分析、构建的设计命题，进而提出一种理想的产品状态，这可能会是设计者逻辑分析的重要组成部分。由于产品优化设计是基于已有产品设计状况的改善和变革，所以在产品优化设计创意阶段和实施阶段，设计者既不能毫无缘故地创造，也不能盲目地创新。创造力离不开思维的启发，尤其是在设计研究过程中，洞察力和感觉力也同样来自设计思维的创造。在产品优化创新设计中，反事实理论能够指导设计者通过分析、推理、搜索构成新产品的前提条件进而去构建新的产品设计假设，能够启发设计者的创造力。反事实思维为富有洞察力的认知活动提供了创造的基础（Thomas，1999；Costello & Keane，2000）。反事实理论的"范例说""目标指向说""两阶段模型"等，能够对产品优化创新的设计思维、实现路径、设计方法进行展开性研究，指导产品优化创新设计的理论构建。

1.2.4.2 "设计启发式"的研究推进

首先将心理学中的"启发式"概念引入设计学领域进行研究的，是来自美国密歇根大学的四位学者组成的团队，包含心理学博士Colleen M. Seifert、Richard Gonzalez及设计科学博士Seda Yilmaz和工程教育学博士Shanna Daly四位学者，Seda Yilmaz是设计启发式研究的主要发起人（迈克尔·G.卢克斯等，2018）。他们依据Kahneman与Tversky（1982）的认知和决策科学的观点，即人类在不确定的情况下应用判断往往依赖于简化的启发式，提出了设计师认知下的"设计启发式"概念和理论研究（Daly，Yilmaz，Seifert & Gonzalez，2010；Yilmaz & Seifert，2009；Yilmaz，Daly，Christian，Seifert & Gonzalez，2013；Yilmaz，Daly，Seifert & Gonzalez，2014）。该团队认为：当遇到信息模糊的设计问题时，可以借助心理学研究将启发

1	Add levels	20	Change geometry	39	Incorporate environment	58	Scale up or down
2	Add motion	21	Change product lifetime	40	Incorporate user input	59	Separate functions
3	Add natural features	22	Change surface properties	41	Layer	60	Simplify
4	Add to existing product	23	Compartmentalize	42	Make components attachable/detachable	61	Slide
5	Adjust function through movement	24	Contextualize	43	Make multifunctional	62	Stack
6	Adjust functions for specific users	25	Convert 2-D material to 3-D object	44	Make product recyclable	63	Substitute way achieving function
7	Align components around center	26	Convert for second function	45	Merge surfaces	64	Synthesize functions
8	Allow user to assemble	27	Cover or wrap	46	Mimic natural mechanisms	65	Telescope
9	Allow user to customize	28	Create service	47	Mirror or array	66	Twist
10	Allow user to rearrange	29	Create system	48	Nest	67	Unify
11	Allow user to reorient	30	Divide continuous surface	49	Offer optional components	68	Use common base to hold components
12	Animate	31	Elevate or lower	50	Provide sensory feedback	69	Use continuous material
13	Apply existing mechanism in new way	32	Expand or collapse	51	Reconfigure	70	Use different energy source
14	Attach independent functional components	33	Expose interior	52	Redefine joints	71	Use human-generated power
15	Attach product to user	34	Extend surface	53	Reduce material	72	Use multiple components for one function
16	Bend	35	Flatten	54	Repeat	73	Use packaging as functional component
17	Build user community	36	Fold	55	Repurpose packaging	74	Use repurposed or recycled materials
18	Change direction of access	37	Hollow out	56	Roll	75	Utilize inner space
19	Change flexibility	38	Impose hierarchy on functions	57	Rotate	76	Utilize opposite surface
						77	Visually distinguish functions

图1-4 77种设计启发式

资料来源：Yilmaz、Daly、Seifert 与 Gonzalez（2013）

式描述为解释决策、判断和解决问题的简单有效的规则（Yilmaz，Daly & Seifert，2011）。他们将设计师在以设计问题为构建的"设计空间"（Yilmaz，Seifert & Gonzalez，2010）中探索设计方案的策略定义为"设计启发式"，将启发式设计的目的定义为搜索新方案的"有根据的猜想"，并将"启发式"的心理学定义作为一个重要的支撑（Yilmaz et al.，2013）。同时他们指出：启发式虽然不能保证最佳方案的推理过程，但可以提供一个认知捷径而导致潜在的解决方案生成（Yilmaz et al.，2010）。启发式的一个重要特征是导致"最佳猜测"，进而产生各种创造性的解决方案（Yilmaz et al.，2011）。最终，他们通过设计启发式的实验与实践研究，提取了77种设计启发方法，又称"77种设计启发式"，如图1-4所示。

设计启发式的提出和应用为笔者提供了一个设计思维方法的研究方向，也为本文的研究选题做了一定的基础支持。但通过对设计启发式的文献研究，笔者发现了该团队提取的77种设计启发式方法的几点不足之处：1.77种设计启发式只是将"启发式"作为设计研究的概念支持，是基于大量设计实验产生的跨专业理论学说，对思维心理学的启发性理论研究深度仍显不足；2.77种设计启发式在设计创新方面的着力点不明确，缺少对设计创新及创造力本质的深入探讨；3.77种设计启发式属于设计思维的研究（迈克尔·G.卢克斯等，2018），但作为启发设计概念生成的过程研究，缺少对思维模型及实现路径的构建。所以，导入反事实理论能够更好地补充并推进设计启发式的研究。

1.2.5 设计思维的研究现状

1.2.5.1 国外设计思维的研究现状

在研究方面，将"设计"作为一种思维方式的研究最早是由诺贝尔经济学奖得主赫伯特·西蒙在《人工科学》一书中提出来的（赫伯特·西蒙，1982/1987）。后来，哈佛大学设计学院的彼得·罗教授在《设计思考》一书中首次使用了"设计思维"这个概念，他通过对多个建筑设计中的设计现象的分析，试图从认知心理的分析角度描述设计思维的存在，不仅最先将设计思维从设计概念中分离出来，而且强调了设计思维在设计过程中的位置和重要性，同时也将设计思维作为一种独立的、可研究的状态提炼出来（彼得·罗，2008）。显然，设计思维是先于设计的实施而发生的，而理查德·布坎南教授则指出了设计研究边界的复杂性及不确定性，并将与设计相关的科学都定义为对其自身知识、方法、原理的具体应用（Buchanan，1992）。可见，由于设计思维的复杂性、不确定性，设计思维的创造力并不是线性的、显而易见的。

后续的学者对设计思维的探索一直没有止步，进而推进了设计理论的研究。布坎南教授指出：在当代设计思维中，符号、事物、行为、思维不仅相互联系，而且相互渗透，设计师

假设性设计：反事实的优化设计

对事物的构思、规划及生产也是其设计观念的表达（Buchanan，1992）。奈杰尔·克罗斯教授在《设计师式认知》一书中指出：设计理论构建有着自己的逻辑范式和科学范式，逻辑探求的是抽象的事物，科学探求的是客观存在的事物，而设计则创造了新的事物（奈杰尔·克罗斯，2013）。在研究问题的描述上，克罗斯教授指出了设计创造与其他领域创造方式的不同，同时也定义了设计师认知的五个要点：1.解决"未明确定义问题"；2."解决方案聚焦"模式；3."创造性的"思维方式；4.使用"编码"来转换抽象需求和具象形式；5.使用"编码"来进行读写，转换造物语言（奈杰尔·克罗斯，2013）。以上五点概括了设计师式认知的构造和方式。

在设计经验与设计思维的组织和创新问题上，研究者会将设计思维在设计中所处的角色提升到另一个层面，例如对于"设计是解决方案聚焦"的观点，蒂姆·布朗认为：设计思维为设计师提供了一个新的解决问题的方式，从"选择如何解决"转向"探索解决问题的可行性"，即从聚集（converge）向创造（diverge）的设计思维转换（Brown，2009），如图1-5所示。

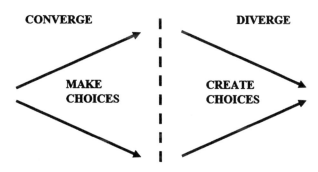

图1-5　从做出选择到建立选择
资料来源：TEDGlobal（2009）

根据布朗的解释，传统的设计是在做出选择（make choices），是选择"最优"的过程，这种选择并不是创造力的直接体现，而布朗对设计思维的描述强调了创造选择（create choices），或者说设计思维是在强调创造的可能性。这种思维转换的理念能够引导设计者回归大局观，站在设计的框架之外，规避所设计事物的局部问题。灵感、构思、实施是布朗描述的设计创新的三个空间（蒂姆·布朗，2011）。设计思维在本质上是一种解决问题的创新方法（迈克尔·G.卢克斯等，2018）。

近些年，国外很多学者在设计思维和设计认知方面的研究已经逐渐形成了各自独立的学术体系。国内学者陈鹏与黄荣怀通过对Web of Science核心数据库中设计研究关键文献分析并利用CiteSpace软件以国家、地区为对象进行研究后发现：一些代表性学者的相关文献集中在2007—2009年，并且在全球范围内，有83个国家和地区出现了设计思维的相关研究，美国、英国在设计思维研究领域占据核心地位（陈鹏、黄荣怀，2019）。

1.2.5.2 国内设计思维的研究状况

设计思维是基于逻辑思维和形象思维的一种思维形式，而设计又是科学与艺术的结合（林鸿，2017）。国内关于设计思维的研究属于起步阶段，但已经有了一定的成效和进展。例如李彦教授在设计思维的研究综述中，对国内外设计思维研究的主要内涵、实施过程、研究方式、方法和工具等问题进行了综述及探讨（李彦、刘红围、李梦蝶、袁萍，2017）。笔者通过文献检索发现，国内学者在设计思维本质研究方面主要集中在几类方向：一类是基于本土设计观及理学观思考的设计思维研究。例如何晓佑教授在《艺术百家》杂志上发表的《中国传统器具设计智慧启迪现代创新设计》一文中强调，中国智慧隐含的先进观念与方式是启迪现代创新设计的一种设计思维和思想，积极探求传统器具设计智慧中的互补观念，进而上升到对"天人合一"的中国哲学观念的探讨，并通过典型的传统器具分析转向对现代创新设计启迪的实践研究，有力地加强了本土创新设计方法观的构建（何晓佑，2010）。学者王潇娴进一步将互补设计方法作为设计思维的一种独立探讨，将丹麦物理学家玻尔的互补原理（complementary principle）引入设计学研究，并立足于老子《道德经》的哲学观，同时强调孔子"叩其两端"的哲学思想对设计创新的智慧启发，是设计思维本土化的进一步有力表达（王潇娴，2015；王潇娴，2016）。柳冠中教授的《事理学》强调了设计思维从设计"物"到设计"事"的转变，源于自然系统的启迪，构建了人为事、物的"设计"评价系统，提出了基于设计事理学的设计思维方式，从学术角度探讨了中国主体设计观中"智慧性创造"的重要性（柳冠中，2007）。李立新教授在2012年发表的论文《重构造物的模仿理论——紫砂器形的来源》中，通过对紫砂器形来源的追问，将模仿作为一种传承和连贯设计风格的方法，从人类学的角度和视野提出了造物设计中的"模仿性"规律，厘清了模仿和抄袭的关系，进而强调了模仿中的创新意义（李立新，2012）。学者刘恒将模仿与创新进一步提炼，提出"从有中生新到新中生优"的优化设计思维形式，并通过对经典产品、家具设计中的模仿和创新分析，强调优化设计思维作为设计者保持风格及延续创造力的一种思维方法的重要性（刘恒，2019）。另一类是关于本土设计思维方法构建的研究。学者张明通过全面归纳的方式，从中国样式到中国方式、从自然到造物、从审美到抒情、从伦理到等级、从材料到构件、从生产到使用，上升到对中国文化与现代产品设计之间的本土化且全球性的解读，构建了全面的关于中国本土设计观的研究理论框架（张明，2016）。学者邓嵘推进了Alan Tyede的健康工业设计理念，通过对东西方健康观的探索和研究，构建了健康稳态理论模型，最终提出了健康设计思维方法及原则（邓嵘，2017）。此外，还有唐艺博士提出的"设计原动力的思维方式研究"（唐艺，2017）、何剑锋博士的"基于'事理学'理论的产品创新研究"（何剑锋，2009）、唐林涛博士的"设计事理学理论、方法与实践"（唐林涛，2004）等。这些研究均体现了对本土文化思想的设计理论构建，而这些理论的构建同样可以视作是对本土设计思维的研究探索。还有一类是对国外理论方法的相继研究，例如：交互设计研究、服务设计研究、体验设计研究、产品符号认知研究等（弗朗西斯科·左罗、卡比可奥·考特拉，2016；吴志军，2011；辛向阳、王晰，2018；辛向阳、曹建中，2018；时迪，2017；曹建中、辛向阳，2018；张凯，2019；魏娜、辛向阳，2017）。这些针对国外设计理论的研究学者也同样进行了设计思维方法的构建，为我国设计思维方法的研究做出了一定的贡献。当然，国内还有部分从其他学科角度进行的设计思维研究，本文在此不一一列举。

1.3 研究的创新点

1.3.1 设计思维层面的创新

本文对优化设计思维的研究是建立在思维启发性基础之上的，然而，设计思维的研究既包含跨学科的知识差异，又包含对设计边界的探索和创新，既有的设计研究范式很难对优化设计思维的研究进行有效指导。所以，本文首次在国内设计学研究领域，将思维心理学的反事实理论导入设计学研究，试图探究设计者的优化设计思维推理的形式逻辑，并通过反事实理论对优化设计思维模型进行构建和验证。因此，在设计思维的研究与构建方面，本文是具备创新性的。

1.3.2 设计方法层面的创新

设计方法的目的是改进设计实践（Kroes，2002）。但研究经验告诉我们，设计方法学是面向过程的，研究方法是描述性的、产品导向的（侯悦民、季林红、金德闻，2007）。本文在优化设计思维模型的基础上，又进一步提出了产品优化创新设计的实现路径，并在国内首次提出了产品优化创新设计方法，该方法是一种针对产品优化创新设计的"思维假设启发方法"，旨在突破传统的设计学研究范式，可谓是跨学科、跨边界地寻求设计方法的创新。

1.4 研究的目的及意义

1.4.1 研究的目的

创新驱动发展的时代需要设计创新，那么，如何定义设计学领域的优化设计并发现优化创新设计的关键突破是本文第一个目的，而通过何种形式及手段去深入研究优化设计，尤其是如何构建产品优化创新设计思维、路径及方法，则是本文的第二个目的。

1.4.2 研究的意义

1.4.2.1 研究的理论意义

"无论什么学科，其基本的目标都离不开求真、求知、求解"（方晓风，2018）。虽然广泛的设计案例研究及实证研究是不可缺少的，但设计理论和方法的构建也是确定未来设计范式相关性研究的重要组成部分。现阶段，对于设计研究的概念有两种不同的解释：一种观点认为，研究是带来知识进步、理论发展和理论应用的探索和实验；而另一种观点则认为，研究是为了更好地理解某个主题而进行的数据采集和分析活动（唐纳德·诺曼、罗伯托·韦尔甘蒂，2016）。但无论设计研究的定义如何，"设计"是一门跨学科、跨方法论的学科，是研究设计认知的基础（理查德·布坎南、维克多·马格林，2010）。由于"创新"的概念是以"引入"作为前提条件的（详见综述），所以，设计理论研究的创新也离不开"引入"。引入的，可能是一个新的研究视角，也可能是一个新的科学方法，还可能是一种新的认知逻辑。"当你要建立一个概念的时候，就必需（须）具有逻辑的一致性"（李立新，2009，第280页）。通过学科交叉研究，才能突破传统研究范式，打破研究中的思维定式，重新树立理论逻辑推理及探索设计理论研究方法的创新。

1.4.2.2 研究的实践意义

设计实践和设计教育倡导一种创造论的方法，提倡设计师的创造力作为形成产品的主要驱动力（Ingram，Shove & Watson，2007）。从即时性的角度分析，用传统设计学的理论很难自圆其说地描述处于发展中的设计实践所面临的问题与状态。现阶段我们需要一个连接直觉和科学的表达方式，符合设计师的专业知识及才能，并能在多元的形式体系与隐性知识间构建实际联系（理查德·布坎南、维克多·马格林，2010）。如何将理论研究与实证研究相结合，并提出有效指导产品设计创新的路径与方法是本文在实践层面的探索。

从设计实践的研究到设计理念方法的研究，都很少有学者对优化设计进行深度探索。设计经验下的最优并不能提升设计者的创造力，而缺少理论支撑的优化设计也很难实现设计创新。本文基于心理学、管理学、创造学的有效理论，将优化、创新的概念落实到产品优化创新设计方法的构建，提升了优化设计研究的实践意义。

1.5　研究思路、方法与框架

1.5.1　研究思路

　　本文的研究结构思路在一定程度上受到了"思维五步法"（约翰·杜威，2018）的启发，研究主要分为五部分：第一部分，对研究领域疑难的发现；第二部分，对研究问题进行精准构建；第三部分，展示思维模型构建的假设与求解的过程；第四部分，描述对路径和方法的推理和演绎过程；第五部分，通过设计实证研究去检验本研究的理论成果，并得出结论。如图1-6所示。

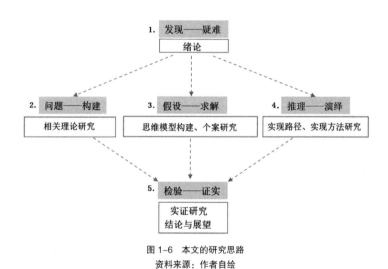

图 1-6　本文的研究思路
资料来源：作者自绘

　　第一章（发现疑难）：1.通过对国家发展时代背景的观察，发现设计创新对国家生产力发展的驱动性，进而提出设计思维研究对设计创新的驱动性；2.介绍反事实及优化设计概念，提出本文的选题依据和研究价值，阐明设计思维的研究现状；3.提出本文的研究价值、目的及意义，并介绍思路、框架及研究方法。

　　第二章（问题构建）：1.通过对创新及创造力的综述，提出优化式创新的创造力；2.对反事实理论进行综述；3.对设计启发式进行综述；4.对优化设计的基础理论进行综述，强调优化设计的创新研究价值，并对本文的研究范围进行界定。

第三章（假设求解）：1.研究分析优化设计的思维形式，导入反事实理论，通过溯因推理分析，提出优化设计思维的形成依赖于反事实思维的推理结构；2.通过反事实的"范例说"及"目标指向说"理论，对优化设计本身的思维差异和内容差异进行研究求解，构建基于反事实理论的优化设计思维模型；3.将优化设计思维模型导入产品设计个案研究，对优化设计思维模型进行验证。

第四章（推理演绎）：1.通过产品设计需求分析构建产品设计需求模型；2.基于优化设计思维模型和产品设计需求模型，提出"由因及果"向"由果及因"思维转化的两条假设路径；3.产品优化创新设计前提条件假设方法的构建。

第五章（检验证实）：通过产品设计教学实验研究及产品设计实践研究，对本文所构建的优化创新设计思维、路径及方法进行实证检验。

第六章（结论展望）：研究的结论、贡献点及不足之处，以及对后续研究的展望。

1.5.2 研究方法

由于各个章节实现研究任务的目的不同，本文的研究方法亦比较交叉且多样化。本文主要采取质性研究的形式，包含文献研究、溯因法、个案研究、案例分析、实验研究、实践研究等多种研究形式，整体以定性为主、定量为辅，并结合了访谈法、口语报告法、内容分析法等多种研究方法，具体的研究方法笔者会在对应的章节研究中进行详细介绍。

1.5.2.1 文献研究法

"文献研究"主要是利用二手资料进行分析，是一种独立的研究方式，文献的分析讲求逻辑和实证（姚计海，2017）。本文涉及的文献较为复杂，包含设计学、管理学、心理学、思维科学等多学科交叉的知识领域，进而笔者对所涉及的文献进行了梳理、分析、导入、溯因等综合的研究。文献的分析主要在本文的第一、二章文献探讨中集中体现，其内容包括创新、创造力、设计思维、优化设计、设计启发式、反事实思维等与本文直接相关的文献的研究。通过定性研究及理论分析，将所需文献按照本文的逻辑构架及研究目标逐一呈现，另有部分文献分析结合到其他章节的综合论述之中。

1.5.2.2 溯因法

溯因是一种推理方法，用以选择能最恰当地解释某个显现，是一种解释因果关系的理论方法（Don K. Mak et al.，2011）。溯因推理的概念来自哲学家查尔斯·桑德斯·皮尔斯，溯因推理开始于事实的集合，并直至推导出它们最适合的解释，是一种推理的过程（奈杰尔·克罗斯，2013）。本文主要通过优化设计的启发形式与反事实思维的发生机制之间的联系性和一致性分析，对优化设计思维框架和思维内容进行溯因推理，并且在个案研究和实证研究中，均运用了溯因的研究方法。

1.5.2.3 个案研究法

个案研究是指研究者在某一时间段内深入研究某一具体的个人、进程或事件，聚焦于个案可以更好地观察它的独特属性，也可以帮助研究者更好地理解与之相近的类似情况（保罗·利迪、珍妮·埃利斯·奥姆罗德，2015）。个案研究的意义在于扩充对经验事实的认知，并提出新的理论见解，进而获得一般性的理论概括（王富伟，2012）。本文的个案研究主要体现在第三章，目的是探索设计者优化设计思维的阶段性变化。另借助访谈和口语分析法，以不相关者的角度观察设计者的创意、分析、推理及假设的形成过程，得出阶段研究结果，对优化设计思维模型进行阶段性验证。

访谈法：在质性研究中，针对小样本量的面对面访谈是具有一定优势的，并且通常是开放的（保罗·利迪、珍妮·埃利斯·奥姆罗德，2015）。笔者在访谈中同时采用了观察法、口语分析法、结构性问卷访谈、内容分析法等。访谈既可以作为独立的研究部分，又可以作为个案研究的补充。

1.5.2.4 案例分析法

案例分析是指对研究内容进行分析，通常分析的资料是人类交流媒介上呈现的内容，包含书籍、报纸、网站等信息（保罗·利迪、珍妮·埃利斯·奥姆罗德，2015）。本文的案例分析主要集中在第四章：首先以典型的产品优化设计案例为对象，对产品优化设计创新进行研究、归纳、提炼、总结；其次，对不同需求模式下的产品优化创新设计的思维路径和方法进行逻辑分析及演绎推理，进而实现对产品优化创新设计的路径和方法的研究与构建。

1.5.2.5 实验研究法

实验研究主要是为了确定两件事情之间的联系是偶然的还是必然的，并根据此实验结果，测量一件事情对另一件事情的影响（贝拉·马克，布鲁斯·汉宁顿，2013）。本文通过设计教学的前后对照实验，对产品优化创新设计思维和方法进行验证，具体研究方法包含观察法、口语分析法、内容分析法等。

1.5.2.6 设计实践研究

实践是检验理论的有效手段，由于笔者的专业是艺术设计理论与实践研究，所以在本研究中理论指导实践的意义可能会大于理论研究本身的意义。笔者通过三项产品优化设计实践，将产品优化设计思维方法在设计实践中进行检验，同时，对本文所构建的产品优化创新设计理论进行整体的验证。

1.5.3 研究框架

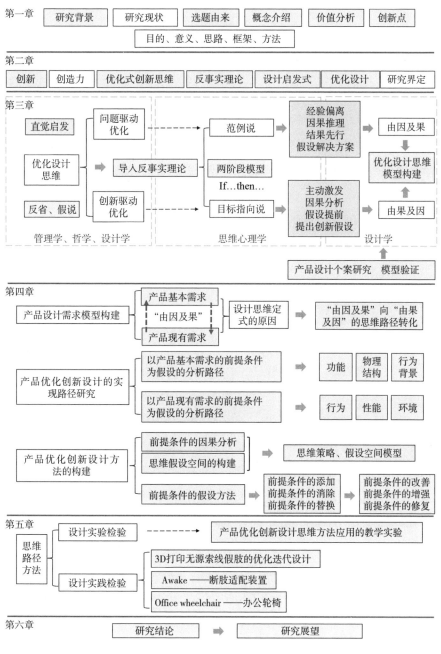

第一章
| 研究背景 | 研究现状 | 选题由来 | 概念介绍 | 价值分析 | 创新点 |

目的、意义、思路、框架、方法

第二章

| 创新 | 创造力 | 优化式创新思维 | 反事实理论 | 设计启发式 | 优化设计 | 研究界定 |

第三章

直觉启发 → 问题驱动优化

优化设计思维 → 导入反事实理论

反省、假说 → 创新驱动优化

范例说

两阶段模型 If...then...

目标指向说

经验偏离 因果推理 结果先行 假设解决方案 → 由因及果

主动激发 因果分析 假设提前 提出创新假设 → 由果及因

优化设计思维模型构建

管理学、哲学、设计学　　思维心理学　　设计学

产品设计个案研究　模型验证

第四章

产品设计需求模型构建 — 产品基本需求 / "由因及果" / 产品现有需求 — 设计思维定式的原因 → "由因及果"向"由果及因"的思维路径转化

产品优化创新设计的实现路径研究 — 以产品基本需求的前提条件为假设的分析路径 → 功能　物理结构　行为背景

以产品现有需求的前提条件为假设的分析路径 → 行为　性能　环境

产品优化创新设计方法的构建 — 前提条件的因果分析 / 思维假设空间的构建 → 思维策略、假设空间模型

前提条件的假设方法 → 前提条件的添加 前提条件的消除 前提条件的替换 → 前提条件的改善 前提条件的增强 前提条件的修复

第五章

思维路径方法 — 设计实验检验 ----→ 产品优化创新设计思维方法应用的教学实验

设计实践检验 — 3D打印无源索线假肢的优化迭代设计 / Awake——断肢适配装置 / Office wheelchair——办公轮椅

第六章

研究结论 ⇒ 研究展望

图 1-7　本文的研究框架
注：作者自绘

第二章　相关理论综述

　　本章首先对管理学、创造学、技术学、哲学、设计学等多领域关于创新及创造力的认识进行阐述，同时强调优化式创新是优化思维的一种形式；其次，对反事实思维及反事实理论所包含的内容进行了详细的梳理；再次，对设计启发式的研究进行了综述；最后，按研究领域对优化设计进行了分别的阐述，归纳了优化设计的三种类型，并对本文的研究范围进行了界定。

2.1　创新与创造力的研究综述

2.1.1　创新的不同视域

　　"创新"（innovation）一词我们并不陌生，尤其在近几十年，创新已经成了各学科、行业发展动力的来源。Webster词典对创新的解释有三点：1.引入新的东西；2.新的想法、方法或设备；3.引入新思想、新设备或新方法的行为或过程（Webster，2019）。从词典的解释可以看出，虽然创新作为名词解释成"新的想法、方法或设备"，但也包含动词的含义，即"引入"的过程，既是对新事物的说明，又有动力来源的内涵。作为汉语词汇，"创新"一词最早可以追溯到《春秋》，有改进或创造新事物的意义。在经济学领域，"创新"概念可以追溯到经济学家熊彼特，他将创新看作是一种新的生产要素和生产条件的新结合，最终创新将进入生产体系（约瑟夫·熊彼特，2015）。在管理学领域，被称为管理学之父的德鲁克认为，有效的创新是有规律和方法可循的，同时他提出了创新的七个来源："1.意外事件；2.不协调的事件；3.程序需求；4.产业市场结构；5.人口统计数据；6.认知的变化；7.新知识"（德鲁克，2002）。这七个创新的来源有效地反映了创新的"引入"特征，当有不确定的事态引入时，或者某些框架式的内容发生重大的变化时，就会成为人类创新的动力来源。

　　"创新"除了在经济领域、管理领域凸显出重要性，在技术领域，创新的价值更为直接。技术创新能够有效地带动经济价值的增长，能够提高企业经济效益和企业的竞争力，进而带来国家经济战略发展，例如经济的可持续化和产业结构升级（康晓玲，2015）。对技术的创新研究本质上也是在寻求一种规律，同样具备发现问题、思考问题、解决问题的过程。李彦教授（2012）指出：技术创新是以技术系统为研究主体，研究技术创新的规律特征，解决技术系统之间的矛盾，通过逻辑思维，采用系统化的方法及特定的思维角度优化搜索空间，其重点在于发现问题，提升创新产生的效率。当今的技术创新不仅仅局限于研究和发明领域，更大价值体现在社会环境的构建和与生活体验有关的方方面面。对于创新的范畴，霍金斯（2018）指出：今天的创新一词比起以前技术领域的研究与开发具备更广泛和生动的含义，当下的创新包括材料、生物技术、物流、教育、医疗等一系列领域，既包括渐进式的变化，也包括巨大的飞跃。

当下，人工智能和大数据的发展为技术创新提供了新一轮的驱动力，是人类当下最先进的技术。如今的软件不但可以解决各种问题，还能把数据转换为知识，并推进技术和经济的发展速度，进而影响我们的生活（卡勒姆·蔡斯，2017）。虽然人工智能导致技术创新，但对于创新的主观因素和价值判断而言，人类思维的能动性和创造力是不能被取代的。当下的人工智能虽然能够进行自我学习，但人工智能是没有感情和自我意识的，而相比人工智能的理性，人类大脑的优势更体现在创造力和情感方面（李开复，2018）。在不远的将来，所有关于可视的、行为的、计算的、重复的，都有可能会被大数据和人工智能所替代，设计者的优势将会更加集中在情感、情绪、想象、创造等方面的体现，设计研究也会倾向于此类问题的研究。从创新的意义上看，创新的价值是为人类所用，所以，创新的对象是针对人类的活动所定义的。当今时代的创新类别包括：社会文化制度创新、生态系统创新、商业模式创新、产品创新、服务创新、流程创新、组织创新、制度安排创新等（唐纳德·诺曼、罗伯托·韦尔甘蒂，2016）。

由于各时代、各个研究领域对创新的关注点不同，对于创新的理解自然就有着不同的定义。"首先，我们肯定期望创造会创新。而何以为'新'，可能有所争议。"（詹姆斯·亚当斯，1998，第6页）传播学专家认为："当一个观点、方法或物体被某个人或团体认为是'新的'时，它就是一项创新。"（E.M.罗杰斯，2016，第14页）此观点强调了创新的新颖性不仅限于新知识的运用。经济学和管理学的学者认为"创造"是创新的基础，将创造作为创新的前提，例如："创新＝创造+（成功的）实施"（斯塔姆、陈伟，2007，第1页）。这种观点将创新的概念进行了解构，将创造与应用作为创新的组成内容，强调了创新内容的结构性特征。创造心理学的研究学者认为：价值创新是创造的核心目的，创造是个体发展过程中对个人生活价值的创新和对整个人类社会进步过程的价值创新的结合（刘克俭、张颖、王生，2005）。另有一些心理学家和行为科学家则认为：创造性不限于知识、人格类型和环境，是一种复杂属性的结合，往往随着人动机的不同而有着不同的表征（萨玛森、埃尔玛诺，2013/2015）。技术学的学者认为：创造性的思维方法是创造力中最重要的关键属性（李彦，2012）。

属实，在原有技术学研究领域，技术一直被视为创新的核心动力，但仅凭技术是实现不了创新的，推动技术发展或价值创新的主观条件、因素必不可少。复旦大学哲学系陈其荣（2000）教授认为：技术创新可以看成一种特殊的实践活动，并将其归纳为创新性、实践性、社会性、历史性和不确定性五个基本特征。五个基本特征有力地概括了技术创新的本质属性，但同时陈其荣教授从哲学视角出发并指出：技术创新需创新主体借助于一定的中介变革，创新客体才能获得成功（陈其荣，2000）。

"哲学上的中介范畴，是指在不同事物或同一事物内部不同要素之间起居间联系作用的环节。"（陈其荣，2000，第18页）笔者尤其注意到"中介"这个概念，当然，陈其荣所指的中介主要是技术、经济、管理等作用方式，但在设计创新过程中，笔者大胆地思考，若将创新的主体看作"人"，创新的客体视为"事物"，创新的环境视为"社会"的话，那么创新的中介是否可以理解为"思维"？"在知识经济时代，思维是经济和社会发展的本源性动力。"（张庆林，2000，第112页）罗得岛设计学院建筑系教授凯娜·莱斯基在《创造力的本质》一书中指出：创造力是一个不间断思考的过程（凯娜·莱斯基，2020）。当然，笔者认为：设计的创造力本身可以看作是一种持续的思维过程，但设计创新的关键仍在于设计创新思维的形成、转变、实施。

综上所述，创新作为优化设计的基本动力，包含引进"新的"，改变"旧的"。正如福特公司创始人亨利·福特所留世的那句经典名言，"不创新，就灭亡"。人类在近代百年的历史中所构建的"创新"，正是在创新思维的驱动下不断创造、发展而形成的。

2.1.2 创新思维的创造力

如上一节所述，创新的定义是：引入新东西或新思想、新设备、新方法的行为或过程。那么"创新思维"也就必定是以"引入"作为思维前提的基础，这也是区别于发明的重要特征。发明是"无中生有"，更倾向于创造，而不是创新，但发明可以看作是创新思维引入的一种创造性的前提。

有关创新思维的界定，目前学术界还没有一个统一的认识（张晓芒，2006）。对创新思维的"新"至少有三种理解：1.新领域、新问题要求人们采用新思路和新方法；2.对于旧的领域和旧的问题，同样可以采用新的、更好的思路和方法解决；3.创新思维成果的"新"，即解决问题的思路和认识成果（张义生，2004）。在某种程度上看，"新思路、新想法"才是创新思维最主要的特征。"新想法涵盖各个领域的变化与进步，从科学到艺术，从政治到个人幸福。"（爱德华·德·博诺，2018，"前言"第4页）创新思维的关键也在于"有中生新"的构建，也可以说，创新思维是发现了一种新方式，去处理或表达某种事物、状态的思维过程（康晓玲，2015）。不同研究领域关于创新思维的本质问题有着不同观点，近些年国内学者对创新思维的研究和讨论尤为激烈：有些学者以逻辑学角度定义创新是一个复杂的系统过程，本质可以用逻辑思维与直观思维去阐释（洪巧英、薛泽海，2017；师保国、李乐，2019；张义生，2004；权立枝，2010）；有些学者以哲学和社会学研究的角度去辩证创新思维的产生原因和过程（王跃新、赵迪、王叶，2015；周可真，2015；陈湘纯、傅晓华，2003）；另有学者以创造性思维角度去探讨创新思维，强调创造力是创新思维产生的基本条件（康晓玲，2015；詹泽慧、梅虎、麦子号、邵芳芳，2019）。总之，学界一致认可的观点是：创新思维可以激发创造力，是创造力的源泉。

创新离不开创造力的驱动，而创造力也离不开创新思维的激发，这一相互关系引导学者们尝试从创新过程的各个方面去研究创新的本质。创造心理学学者认为：创造力研究的基本途径及出发点有很多，创造者、创造过程、创造的产品都可以成为研究的重点，同时，原始的首创思想，新奇、巧妙的问题解决办法以及好的思维变革等都可以作为创造力研究的切入点（刘克俭等，2005）。一些学者将创新思维和创造力合并成"创造性思维"的概念，并强调创造性思维源于对创新基础事物的认知和发现。创造性思维需要在一无所知的情况下前进一步，如果一件事物是"全新的"，那么任何人对它都不会建立起初始概念，但是，如果能够首先找到那件未知事物的类似物，那么就有机会获得成功（约翰·阿代尔，2018）。同时，创造力离不开想象，创造性思维是一种产生假设的过程，也可称之为"创造想象"，它是依据原型物或对原型物的某些特征进行组合、加工而形成的新的主观创造物的思维过程（王庆英，2001）。在设计研究领域，莱斯基（2020）曾指出：设计作为一种创造性行为活动，有着本质的创新思维驱动，"创造"是创意过程与创造力的根本。可见，设计中创造力的产生与创新思维是分不开的。

2.1.3 优化式创新思维

创新思维可分为四种基本类型：差异性创新思维、探索式创新思维、优化式创新思维、否定型创新思维（刘恒，2019）。如图2-1所示，本文对优化创新设计的研究动力即来自优化式创新思维。

差异性创新强调对比事物之间的差别，产生问题的追溯，以不同的角度提出观点，进而

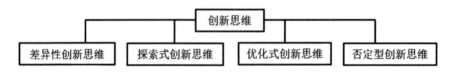

图 2-1　创新思维的四种类型
资料来源：（刘恒，2019，第 150 页）

引发创新的动力；探索式创新源于人类对未知事物的好奇和尝试的本能，通过对未被理解的技术、方法、现象进行实验、试探、求索，往往就会得到新的发现，如果方法得当，能够构建起新的客观实在，便是一种创新的体现；否定型创新带有一定的批判主义色彩，首先要通过对原有事物表征的打破，以否定先验性的态度深入发掘其本质，进而对规律性的客观存在提出新的理解和假说，启发新的创造思路；优化式创新思维则强调的是在一定的基础条件之上，引入其他的条件、因素，通过思维的发散进而寻求创新的汇聚，最终达到优化状态，既定事实和事物状态往往是优化式创新的基本前提和条件来源。所以，对优化设计中优化式创新的理解应该从其思维的创新本质开始认识，优化式创新具备一定的系统性和过程性，这导致优化设计必定包含其特有的分析逻辑和进行方式。艾科夫（2009）指出：优化设计的出发点并不是对现有的状况或者它的不足之处进行批判和指责，而是致力于创造出一个更好的设计系统，所以人们对优化设计的起点问题无须"瞻前顾后"。

四种类型的创新思维目的都是为了更好地解决"创新的问题"，那么，所谓的"问题"究竟指的是什么？当面对问题的解决时，很多人都是以"问题的浏览"方式开始，而欠缺了对问题的审视和判断，这种判断缺失也是对问题前提的忽视所引起的。所以，欠缺解决问题的根本前提，也就是欠缺"怀疑问题本身"的这个步骤（齐藤嘉则，2009）。被誉为"优化思维管理大师"的德·博诺（2016）曾指出："假如"某个特定事件发生变化或某个条件发生了变化，也一样能够产生新机会，但是，这需要以设计者的愿景作为动力，愿景的兴奋感和刺激感能够远远超过客观判断，愿景能为思考和行动设定方向。德·博诺教授强调的是，事物本身的变化是通过某些条件的赋予才呈现出的新愿景和新状态，而非探究其本身最好的状态是什么，暗示了优化式创新思维条件变革的启发形式。创造力要防止你陷入"已知"的问题前提之中，要破坏你先入为主的计划与假定（凯娜·莱斯基，2020）。

笔者认为：优化式创新思维特殊之处在于其对问题前提的分析，这个前提来自事物的已有状态和基础条件内容，在此基础上进行的前提条件的优化创新可以避免设计者陷入问题的局部，而不以现有事实状态为基点的设想，并不属于优化式创新思维。

2.2　反事实理论的研究综述

2.2.1　反事实思维的概念和类型

"思维"从客观上看是一种大脑活动，但从主观上看，人类的思维活动具有计划、想象、虚构、探索、解决、反省等表达潜在性的大脑活动、交流的特征（加里·R.卡比、杰弗里·R.古德帕斯特，2010）。"人类凭借思维创造了现代精神文明和物质文明。"（张庆林，2000，第112页）西蒙（2016）认为：人类的决策并不是最优的，在复杂的社会环境里，人类无法掌握很多必要的信息来源来做理性决策，而很多决策都是依照以往的经验，采取经验法（启发式），在非理性假设下形成的，人类的思考、判断、决策受限于"有限理性"（bounded rationality）。Kahneman和Tversy将西蒙的理论做了进一步的研究，发现了人类决策偏差的规律性，形成"启发与偏见"（heuristics and biases）的大量理论（周国梅、荆其诚，2003）。

早在1979年，Kahneman和Tversy在一次讲座时就提出了模拟性启发（simulation heuristic）这一概念（Kahneman & Tversky，1982）。之后，Kahneman与Tversky（1982）将需要心理模拟的判断划分为特殊事件概率评估、条件概率评估、反事实评估和因果性评估。这四种评估形式是人类在不确定状况下思维发生的心智操作，反事实评估即是一种思维的模拟性启发。"模拟性"是一种富有想象力的心理构造（Roese，1997）。后来，随着这种体现思维构造的启发式被进一步确立，Kahneman与Miller（1986）正式提出反事实思维（counterfactual thinking）："反事实思维"是一种在心理上对过去发生过的事件进行否定，同时在精神上模拟另一种结果可能性的思维活动。一些焦点事实的结果通常会形成反事实假设的出发点，反事实思维常常构成了条件命题句，同时包含一个前提和一个结果（Roese，1997）。其典型表现为"如果……那么……（if...then...）"，例如："如果再早点出发，那么就不会错过这趟列车了""如果我要是再跑得快些，那么就能够取得比赛名次了"等。

Roese（1994）指出：反事实思维在头脑中主要是以命题的形式来表征，包括前提和结论两个部分。而这种前提和结论之间虽构成因果关系，但不一定构成合理的逻辑关系，反而能够增强思维的假设性分析。反事实和因果关系非常接近，乃至用一种理论可以阐明、解释另一种，一个好的反事实理论可能会揭示更多的因果关系（Lance，2010）。因此，反事实思维既可以帮助人类理解因果关系，又可以增加对更多因果可能性的构建，这恰恰是反事实思维引导和启发的价值所在。反事实思维对人类许多的认知活动都有着重要意义（张坤，2005）。可见，反事实思维具备综合的模拟、判断、反思、因果推理、假设推理的特征。另外，从功能角度讲，反事实思维既具备准备功能又具备情绪功能（Roese，1997）。

在分析主义哲学范畴，人们对可能世界的语义分析带动了逻辑的进步（Stalnaker，1999）。反事实思维使我们超越现实，而关注想象世界中一切可能和不可能的事情，是人类意识的一个重要特征（Kahneman & Tversky，1982b；Kahneman & Miller，1986；Roese，1997）。反事实思维在前提条件和结果之间建立了"如果当时……就会（不会）……"这样一种经典的条件命题关系（Roese，1997）。反事实思维是人类不可缺少的易发性思维活动，儿童一般从2岁开始逐渐形成反事实思维（Landman，1987；Medvec & Savitsky，1997）。

蒋勇（2004）指出：基本的反事实思维包括前提结论两部分，其假设性表现在前提和结论与已经发生的"既定事实"相反，但却在心理上构建了某种可能性的假设。在心理上构建的前提是虚拟的，构建的结论也是虚拟的，人们在产生后悔等心理情绪时，往往会自然地构建虚拟空间，并将它与现实情况进行对比（蒋勇，2004）。

早期，学者们对于反事实思维类型的定义是以一种直观、简单的社会比较而进行分类的，比较的方向性是反事实思维功能的基础要素之一（Roese，1997）。Roese与Olson（1993）将反事实思维根据前提的性质分为加法式、减法式、替代式；Markman、Gavanski、Sherman与McMullen（1993）按命题结论的性质将反事实思维分为上行反事实及下

表 2-1 反事实思维的基本类型

生产要素	主要观点	假设句
加法式 （additive）	在已知事件的前提中添加未发生的事件或行动，进而对原有事实进行重建。	"如果我再早一点，就能乘坐上一趟列车了。"
减法式 （subtractive）	假设前提事件没有发生，从而对事实进行否定和重建。	"如果我没买这件衣服，我就能买另一件衣服了。"
替代式 （substitutional）	假设前提事件发生替换，从而对既定事实进行否定和重建。	"这部电影如果是 A 出演而不是 B 出演，那么将会更好看。"
上行反事实 （upward counterfactual）	对既定事件的事实不满意，假设如果满足某种条件，就会出现更好的结果。	"如果我跑得再快一些，就能拿到金牌了。"
下行反事实 （downward counterfactual）	对既定事件的事实满意，假设一种比既定事实更差的情境。	"如果我跑得再慢一些，就不能拿到金牌了。"

注：作者根据文中反事实文献绘制

行反事实，如表2-1所示。反事实思维的关键是产生了因果理论，解释了为什么会产生一个新的结论（Roese & Olson，1996；Roese，1997）。

综上所述，反事实思维是心理学家对人类心理活动研究分析的发现，但本文并不是研究反事实思维的产生机制，而是借助反事实理论去研究优化设计的思维框架和内容，进而去研究反事实思维的功能和结构如何影响设计者的设计推理、假设，以及如何启发产品优化创新设计的实现路径和方法构建等问题。

2.2.2 反事实理论的梳理

2.2.2.1 "范例说"理论

"范例说"是对反事实思维最早的理论解释，"范例说"认为，反事实思维激发的过程是自动化的，"范例"是由过去经验所形成的对某类事件的一般性知识和预期

（Kahneman & Miller，1986）。"范例"是思维的可得性（availability）产生的，可得性指的是人们总是倾向于根据客观物体和事件在认知和记忆中的容易程度来评估其概率、结果（丹尼尔·卡尼曼，2021；Kahneman & Tversky，1982）。影响反事实思维产生的因素除了一些动机性因素及前提的突变性、突出性，还包括事件的正常性、结果的影响程度、与替代假设的接近性等（陈俊等，2007）。例如：当要求人们考虑某次重大事故怎样就可能不会发生时，人们倾向于把事故原因归于违反常规和偏离了规范（Kahneman & Tversky，1982；Wells，Taylor & Turtle，1987）。"范例说"从前提因素的心理经验判断及情绪动机体验上提出了反事实思维形成的基本条件和规范，"范例"是构建反事实思维的重要因素（Roese，1997）。"范例说"为后来的研究提供了理论基础，也被心理学界称为"标准理论"。

综上所述，"范例说"可以看作是既定事件前提的非正常性、突出性、接近性、突变性等偏离经验的"范例"标准而激发的反事实思维的总和，反事实思维利用因果推论来达到人类判断标准的回归，这是早期反事实理论对反事实思维产生机制的研究。

2.2.2.2 "目标指向说"理论

"范例说"将反事实思维的激发过程看作是自动化的过程，但后来的很多学者研究发现，反事实思维产生的过程同样受到归因、态度等认知因素的影响，这些研究统一被称作"目标指向说"（陈俊等，2007）。人们有时为了达到某种目的，可以有意识地控制反事实思维，并将其当作一种认知策略的工具（陈俊等，2007）。"目标指向说"同时也是反事实思维"功能论"的代表（Epstude & Roese，2008；Roese，1997）。从功能论角度出发，反事实思维能够帮助人们对过去的事件进行反思，分析导致结果的原因，并思考如何能够做出改进（马云飞，2012）。

"目标指向说"强调了反事实思维的功能性，反事实思维主要有三种功能：1.可以作为遇到与过往经验不一致信息时的重要的参考；2.有利于团队的合作，增加对新想法的鉴定与批评，提高决策的准确率；3.反复对信息内容的审核，有利于决策者区分强弱意见（Kray et al.，2006）。反事实思维的功能集中在对行为的管理和调节上，当人们感觉事情的发生情况与理想状态不一致时，就启动反事实思维来维持思维调节（Epstude & Roese，2008）。也就是说，问题激活了人们的反事实思维，人们又因为反事实思维产生行为的改变，反事实思维能够帮助人们进行归因，并思考如何能够得到更好的结果（Gavanski & Wells，1989；Kahneman & Knetsch，1992；Roese，1994）。因果推理的效果是由一个反事实的条件内的前提和结果的联系产生的，因果推论机制则更多地产生有益的推理结果（Roese，1997）。

"目标指向说"统一的观点是反事实思维的非自动化启动，包含期望、情绪、态度等问题的观察导致反事实思维的主动启动，进而启动对应的行为意图或假设。这种启动因果推论的机制在追求目标的调节行为中是有效的，随着研究的不断深入，"目标指向说"会更受到重视（陈俊等，2007）。

2.2.2.3 "两阶段模型"理论

由于反事实思维的产生、构建机制比较繁杂，心理学家需要解释其发生及内容的顺序作

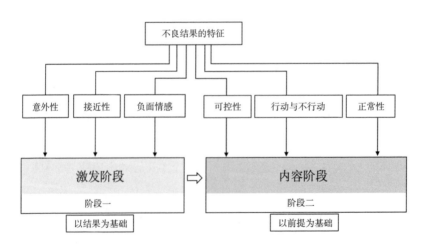

图 2-2　反事实思维的两阶段模型
资料来源：作者根据 Roese（1997）绘制

　假设性设计：反事实的优化设计

为其基础研究的框架，这样便于研究其推理和假设过程的特征。Roese（1997）将反事实思维按发生过程的阶段性提出了"两阶段模型"理论，即激发阶段和内容阶段，如图2-2所示。

激发与内容是相关的，但时间上是不同的，两个阶段是先后发生的。Roese（1997）指出：负面情感和希望结果的接近是激发反事实思维的决定因素，此外，意外性也是可能的诱发因素，而前因的常规性、行动、不行动和可控性则是决定反事实思维内容的主要因素，如表2-2所示。

两阶段模型能够更好地厘清"标准理论"的模糊性，因为"范例说"提出反事实思维是自动化的。但是，Roese（1997）又指出：对于自动反应产生的反事实思维，它的激发和内容都是瞬间完成的，两个先后的阶段实际上可能并不存在。随后的研究多数集中在反事实思维的自动加工的过程，而对反事实思维的主动加工过程的研究相对较少（陈俊等，2007）。从功能角度出发，添加反事实假设条件会影响假设结果进而获得意外感受是反事实思维内容阶段的特征。"两阶段模型论"为探讨反事实思维形成的原因和推理机制提供了有效结构，增加了学者们对反事实思维的研究深度。

表 2-2　反事实思维的激发阶段和内容阶段整理

阶段类别	主要内容与解释
激发（activation）阶段（以既定事件结果为基础）	负面情绪：失去亲人或失恋的痛苦。 与预期结果的接近性：错过航班几分钟与错过航班几小时对比，前者更容易引发反事实（Kahneman & Tversky，1982）。 结果的意外性：本应该拿到金牌，却出现失误，连奖牌都没拿到（Sanna，& Turley，1996）。
内容（content）阶段（以既定事件前提为基础）	前因的规范性（Kahneman & Miller，1986）：规范是指由过去经验形成的对某类事件的一般性知识和预期（张坤，2005）。 行动与不行动：人们在事件中是否采取了行动，行动比不行动更容易产生反事实（Gleicher, Kost, Baker, Strathman, Richman & Sherman，1990；Kahneman & Miller，1986；Miller & Gunasegaram，1990）。 可控性：人们对前提的控制能力决定人们对事件结果产生的反事实思维（Miller & Gunasegaram，1990；N'gbala & Branscombe，1995）。

注：作者根据文中反事实文献绘制

2.3 设计启发式的研究综述

前文已述，设计启发式（design heauristics）作为设计思维方法的一种，已经得到了国外设计研究者的实证和检验。作为设计思维的启发方法，设计启发式区别于"头脑风暴""头脑写作"和"清单法"等传统启发方法。传统的方法也可称为启发，是开放的自然产生的想法流，但通常是由标准、限制或其他想法决定的，并且相当普遍。然而，这些方法并没有在对设计师的研究中被观察到启发式，也没有得到验证（Yilmaz et al.，2011）。所以，来自密歇根大学的四位学者组成的设计启发式研究的Yilmaz团队最初在第11届国际设计大会上提出了40种设计启发方法（Yilmaz & Seifert，2010），然后又提出了3种类型的设计启发式，即局部启发式、过渡启发式、过程启发式（Yilmaz et al.，2011；Daly et al.，2010），接下来，又通过对400多件获奖作品的分析和200多个案例的研究以及48名设计学生和专家的"大声思考"的实验所收集的证据进行研究，最终，该团队在实验中提取了77种设计启发式（Christian，Daly，Yilmaz，Seifert & Gonzalez，2012；Daly，Yilmaz，Christian，Seifert & Gonzalez，2012；Yilmaz et al.，2013），并验证了77种设计启发式作为一种提高创新设计策略工具的可行性和有效性（Yilmaz et al.，2014）。

在该团队对77种设计启发式的研究中，采用了设计分析（获奖作品概念提取、编码分析）、个案研究（长期对某设计师的设计概念生成研究）、定性观察（组织设计试验，并对设计师谈话记录）等方法，通过与一定的定量分析结合的混合研究方法得出实证结果，并且在工业设计和工程设计及设计专家和设计学生中得到了检验（Kramer，Daly，Yilmaz & Seifert，2014；Yilmaz et al.，2013；Yilmaz et al.，2013；Yilmaz et al.，2014）。在得到基础设计实验和实践研究的支撑后，Yilmaz团队扩大了研究范围，设计"启发式"的研究又有了新的进展，例如：基于设计同理心的共情框架与设计启发式方法思维关联的研究（Gray，Yilmaz，Daly，Seifert & Gonzalez，2015）、扩展循证教学实践方面的研究（Gray，Yilmaz，Daly，Seifert & Gonzalez，2015）、通过功能分解推进设计启发式的研究（Gray，McKilligan，Daly，Seifert & Gonzalez，2015；Gray，Yilmaz，Daly，Seifert & Gonzalez，2015）、设计启发式作为认知策略对创新的设计师成功的核心作用的研究（Yilmaz，Daly，Seifert & Gonzalez，

2015）、探讨"问题探索启发式"的研究（通过设计启发的七步提取法导出了5种启发式的新方法：1.分解目标为子目标；2.利益相关者分析；3.识别或更改用户场景；4.确定环境约束；5.确定大小/空间标准（Studer，McKilligan，Daly & Seifert，2016）、设计启发式影响早期设计概念创新的研究（Leahy，Daly，Murray，McKilligan & Seifert，2019）、通过案例针对头脑风暴和设计启发式的比较研究（Murphy，Daly，McKilligan & Seifert，2017；Leahy，Seifert，Daly & Mckilligan，2018）等。

以上的研究确定了设计启发式作为一种概念生成工具的重要性，然而，该团队同时指明：启发式不能保证产生更好的设计，反而，启发式是一种"跳进"可能性空间的方法，通过应用启发式，人们不仅可以回忆以前的解决方案，以便将经验得到应用，而且可以主动地、灵活地构建新的方案，防止思维定式的产生（Yilmaz et al.，2011）。虽然设计启发式的研究不包含创新效度的评估，但设计启发式为设计者的设计思维开启全新思维和摆脱思维定式做出了一定的贡献。

2.4 优化设计的研究综述

本文对优化设计的研究旨在厘清优化设计的概念、目的、过程、形式等关系，并在设计学研究范畴内对产品优化设计的思维、方法和路径进行深入研究，所以，在这里有必要把优化设计的相关理论进行梳理。

2.4.1 以"最优化"为驱动的优化设计

"最优化"一词常常被应用在数学、工程学、经济学、管理学等领域。早期，西蒙就对最优化方法的逻辑进行探讨并指出：最优化问题一旦形式化，就成了标准的数学问题，通过受到约束的函数最大化推出答案的逻辑显然就是演算标准逻辑，也可以说是使"效用函数的期望值"达到最大，而不是使"效用函数"达到最大化（赫伯特·西蒙，1987）。西蒙之所以详细地用逻辑辩证去分析"最优化"的本质，其目的在于强调这种基于计算技术的方法在效用上不能完全求出令人满意的方案，而西蒙提出"最优状态"的概念是将数学规划下的算法最优与组织管理效用的最优相区分，进一步扩展了最优概念的社会范围。"在现实世界里通常不存在什么令人满意的解答与最优解答之间的选择。"（赫伯特·西蒙，1987，第119页）

相比之下，中国历史上对"最优"的认识体现最早可追溯到《论语·述而》。子曰："三人行，必有我师焉，择其善者而从之，其不善者而改之。"其意为：跟几个人在一起，其中必有我的老师，我向他们的优点和长处学习，以他们的缺点和短处来警诫自己（黄波涛，1987）。笔者认为，这是将"最优"提升到决策层面上的探讨，其对最优选择的描述是判定能够使当事者达到一个认知最佳的行为状态，"必有我师"体现了以事件"结果清晰"为原则的优选标准，而并没有特意去强调期望值达到最优，这是此观点的独特之处。

"最优化"和"优化"相差一字，但所指内容和研究方向截然不同，设计学研究不常采用最优化的概念，这是个数理概念，与前文论述的创新思维并不一致。创新思维是寻求未知的创造，但如果对创造的路径和待选目标已知，显然创造就成了最优选的问题了，也就是"结果清晰"，所以这不符合创新的基本逻辑。

虽然最优化基于数学基础，但也不乏从其他角度研究最优化方法的学者，美国的

Glickman（2002）博士曾提出过"最佳思维方式"（Optimal Thinking）的概念，并与决策时的次优思维方式进行比较，从思维管理的角度提出了最佳选择和约束条件的关系：先从最优的思维入手进行想象，然后再将约束条件放在原始的问题中，进而建立决策的思维和方法。Glickman的观点类似次优思维方式，即齐藤嘉则（2009，第67页）所提出的"与其永远追求最好（best），不如先执行较好（better），然后边做边思考"。但两者稍有不同，Glickman所倡导的最优强调的是树立"最好"的目标，间接地否定了以期望值"较好"为目标，并提出了最优状态的重要性，而齐藤嘉则从设计策略构思角度强调了问题执行的重要引导。笔者认为，两者均有效地将"最优化"的概念结合到具体问题解决方法层面，去寻求解决人生规划、策略执行等方面的实践，这是对优化设计研究的重要启发。

以"最优化"为驱动的优化设计，是通过统计、计算、分析、策略等方式达到绩效的"最优化"，强调结果的最优性和清晰性，是寻求已知条件内"确定性"的最优计算方法。西蒙曾对"最优化"持怀疑的态度，他强调，"仅在很简单的情形中，最优方案的计算才是容易的事"（赫伯特·西蒙，1987，第117页）。如西蒙所言，由于创新是复杂且不确定性的，在创新设计的初期，设计者基本无法确定创新评估的"效用函数期望值"的最大化，计算创新的效度反而会使设计者进入追求过程、行为及数据最优解的思维定式。

2.4.2 以"问题解决"为驱动的优化设计

由于"设计"一词的广泛含义，广义的优化设计并不是完全建构在数学理论基础之上的，优化设计也常常被应用于各类设计过程中的行为、决策或解释。优化设计不只是一种工作方式，它更是一种生活方式，我们所涉及的问题解决任务，几乎均与优化设计有关（艾科夫等，2009）。出于对"优化"行为上的理解，优化设计常常被定义为"问题解决"的一种方式，所得到的结果往往是具体的问题被解决，事物状态较先前有所改进。也可以说，优化设计强调去解决发现的问题，但并不带来任何新的原始概念的产生。这种发现问题、解决问题的方式，在以往的设计中一直被设计者所应用，甚至在工程设计领域。

"迭代"便是解决设计整体更新或升级问题的一种方式，是一种重复的优化方式。迭代（iteration）也来自数学概念，"迭代"是指操作系统的最新升级，或指重复的动作或过程，迭代中一次执行一系列操作或指令（Webster，2019）。在产品设计中，迭代是为了优于已有产品而进行的重复、更新和升级，其内容指向对上一代的优化，其结果是为了新产品达到一个暂时的最优，进而新产品又成了下一代产品的迭代基础。每次迭代都是建立在上一个周期基础之上的（唐纳德·诺曼、罗伯托·韦尔甘蒂，2016）。"迭代"原本是应用数学领域的一个术语，而今，已经演变成对诸如设计更新换代或者思维更新换代等重复更替的概念描述。可以说，这种迭代优化本身包含了多种优化形式和状态的发生，如造型、技术、理念等（刘恒，2019）。本文认为，"迭代"属于优化设计方式的一种，依赖的是技术创新，始终秉持优化的确定性、目的性及代与代间的一致性原则，甚至可以看到，迭代往往是以技术、性能最优的期望值最大化为基础的。电子产品的"迭代"在内容上寻求的是产品的升级，iPhone手机从第一代到第十一代的迭代便是一个经典案例，如图2-3所示。

　　功能的形式、软件的交互、信息的处理等问题，不断地被设计者以"迭代"的方式进行解决，同时又保持了产品的一贯性，没有失去产品的标准和特征，这个过程也就是产品设计迭代的过程（刘恒，2019）。设计师和工程师使用"优化"这一概念的前提是界定多种限制

图 2-3　iPhone 的迭代设计
资料来源：刘恒（2019，第 151 页）

之间的关系并突破限制，优化是建立与初始问题的联系（凯娜·莱斯基，2020）。

总而言之，"迭代"具有明显的实施路径和先知条件，这取决于产品技术特征和符号特征的连贯性，这种连贯性存在于设计者和使用者的认知经验当中，所以，为了保持这种连贯性，设计者就必须借助优化思维进行设计，同时需要发挥创意去实现代与代之间的统一。莱斯基（2020）指出：创意过程好比设计师头脑里的一场风暴，在对"迭代"优化的理解上，就是沿着这场头脑风暴垂直运动一周，就完成了创意的一次迭代。"迭代"的基础是以解决问题为设计驱动的优化方式，问题的确定性及设计形式的连贯性决定着设计者必须清晰地界定问题、分析问题，进而解决问题。

另一种问题解决的优化方式可以称之为"设计的优化"。在设计当中，设计者发现设计的问题并进行问题的解决，便被理解为设计的优化。如前文所述，布朗将一个设计的过程概括成洞察、构思、实施三个阶段的叠加空间。然而，在很多情况下，决策者和设计者在做设计的规划和实施的时候，往往采取的直接做法是设计的优化改进，设计师和工程师也不例外。体现最多的问题情境如"这个结构是否还能进行一下优化""能否对产品外观进行一下优化设计"等。他们基本是以原设计为基础，以问题分析为路径，以改进、优化为目标的思维方式。在设计任务里，如果原有事物的设计问题被发现，出于一种任务感和设计者的经验本能，设计者便会进行局部或整体的调整、修改乃至重建。设计者凭借经验和问题的汇聚，在原有产品或设计中发现问题，进而提出更好的对策、方法去改进、升级、迭代。这种对策、方法是基于对设计问题的直接回应，需要设计者在设计实践时借助问题去发现驱动设计思维，进而做出分析、推理。

本文认为：这种"设计的优化"在提出解决方案前，即有了对现有产品的一种更优状态的期望设想，从设计思维角度可解释其为对"结果清晰"之优化目标的思维确认。但"设计的优化"区别于"迭代"，因其并不需要严格遵循保持产品一贯性的原则。设计者对设计物问题的发现、改进、优化之行动，是基于这件设计物既有问题的方案解决过程，无法称之为对设计物的迭代。

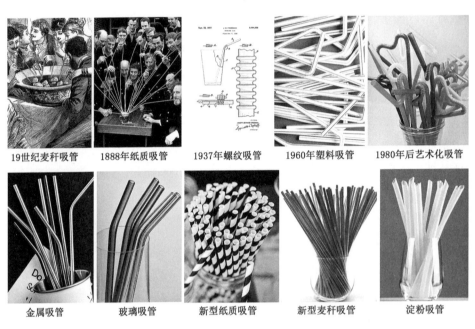

19世纪麦秆吸管	1888年纸质吸管	1937年螺纹吸管	1960年塑料吸管	1980年后艺术化吸管
金属吸管	玻璃吸管	新型纸质吸管	新型麦秆吸管	淀粉吸管

图 2-4　吸管的改进设计

资料来源：刘恒（2019，第 150 页）

　　例如，吸管的发明和优化，如图2-4所示。从100多年前的"麦秆吸管"被发现到螺纹吸管的发明，再到当今新型环保材料吸管的推出，各个时代的吸管设计并没有体现出迭代的概念（刘恒，2019）。对于"用于间接吸取液体的管状物"这个人类的需求来说，我们称之为对吸管"性能"的设计优化更为恰当，因为其"吸取"的行为功能并没有改变，改变的只是吸管的材料性能，尤其是从其环保的角度来看，当下的可降解吸管即是一种解决传统塑料吸管降解问题的设计。

　　以问题解决为驱动的优化设计是以设计物中的问题为基础而进行方案解决的推理方式，这种方式并不以计算最优为目的，而是以改变现状为目的。但这种以问题解决为驱动的优化设计，由于其问题思维框架所限，思维定式在解决问题最初即形成，很难形成创新设计思维，其具体特征表现为：1.其产生结果并未对设计对象的原始需求进行设计思维的颠覆和变革；2.其产生常常带有设计的经验性、随机性；3.其产生并不是以创新、创造为目标，而是以问题解决为目标。作为一种设计的启发形式，设计者的思维时常会顺应问题的发现而去寻求问题的解决。往往在一些历史性和品牌性的设计中，便会以这种优化方式去解决设计中存在的问题，例如：企业形象的优化设计、产品外形的优化设计、产品技术的优化设计等。这种以解决问题为优化的设计往往是渐进式的（唐纳德·诺曼、罗伯托·韦尔甘蒂，2016），使原有设计逐渐走向完整化、具体化，在保持了原有设计需求的同时，也为设计的创新探索提供了一定的帮助。

2.4.3　以"创新"为驱动的优化设计

发明是驱动优化创新的一种途径，发明创造的产生优先于设计的产生，或者说"实践"早于人们开始思考和理解（奈杰尔·克罗斯，2013）。每一个激进的设计创新都包含发明的应用，即发明带来的"技术变革"引发了设计者的激进创新（唐纳德·A·诺曼、罗伯托·韦尔甘蒂，2016）。解决问题的偶然性和突变性是促成"发明"的根本原因，但发明的再次设计和应用是驱动优化创新的重要因素，例如，"多点触控输入"（multi-touch）技术发明专利被乔布斯通过交互设计用在了iPhone手机使用方式的优化上，造成了手机的革命性创新（沃尔特·艾萨克森，2011）。

从发明创造到设计创新，我们能够清晰地看到"发明"与"创新"的不同之处。发明指的是"无中生有"的事物，创造出没有的事物或方法，例如原始的吸管、电话技术、电视技术的发明等（刘恒，2019）。某些发明是发明者突如其来的想法，某些则是基础研究技术转化的产物，并且常常以专利的形式呈现，但并不能直接作用于应用。而"创新"往往强调的是"引入"，是展现发明应用价值的途径，是以人为本的价值创造，常常以经济价值和对社会的推动为衡量标准。

设计恰恰强调的是创新，而不是发明。"要想突然创出至今没有的事物是很困难的。

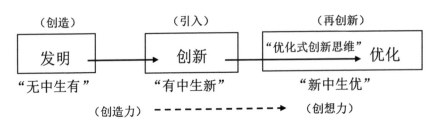

图 2-5 从"无中生有"到"新中生优"
资料来源：作者根据刘恒（2019）编绘

我们可以尝试从其他事物中抽取，最终提炼出设计图。"（佐藤可士和、斋藤孝，2015，第70页）所以，以创新为驱动的优化设计常常表现为设计者在现有"创新"途径中寻找优化对象的一种设计思维方式。如图2-5所示，如果说发明是"无中生有"，那么创新就应该定义为"有中生新"，在创新驱动基础上的"优化"则可以理解为"新中生优"（刘恒，2019）。

所谓"新中生优"，就是优化式创新的内涵所在："新中生优"强调了对创新前提条件的思考，从概念上看，"新"并不一定是具体的事物，"新"也可能代表寻找新的前提、条件，包含了对创新的原始条件因素的发现，"新"可以在发明创造中提取。"优化并不是切断与初始意图的联系"（凯娜·莱斯基，2020，第52页），"优"则代表了提出更好的假设和需求以及"再创新"的可能，"再创新"是指创新在被使用及实现过程中发生的改变（E.M.罗杰斯，2016），同时"优"也可以看作是再创新的假想目标，即对"创想"的描述，这种"创想"是带有不确定性和变革性的假说。从逻辑特征上看，经验定律形成假说的基本途径，是归纳和想象（王庆英，2001）。

因此，以创新为驱动的优化设计可以看作是两种内涵的集合：1.创新的基础和创新目的；2.优化的方式及优化的过程。其中，创新的基础和目的包含已有的条件和因素，例如现有的产品、需求、事件、概念等，而优化的方式及过程则包含分析、设想、推理、构思、筛选、实施等行为，都是在创新思维的驱动下完成的。

在优化创新设计中，创新的驱动通过优化式创新思维展开，即"新"通过"优"又生成了"新"，设计者的这个思维过程也可以称为"创想力"，如图2-5所示。而这种"创想力"恰恰是对传统的变革，对常规的打破。创想力可能始于一种现状的反思或是经验的反省，也可能始于一种逻辑形式的构建，总之，优化式创新思维的"创想力"是不同于简单、普通设计创意的一种非问题解决式的创造性过程。艾科夫等（2009）曾经这样描述优化设计的创想力：在优化设计的早期阶段，都会有一个特定的时刻，设计人员刹那间会产生一种顿悟的感觉，进入了一种全新的境界。

综上所述，任何设计者和决策者的创新思维都不可能先知、先觉，也不可能提前掌握设计发生的全部过程，正如创新的产生需要引进新的事物、想法、过程一样。初始意图的创造力源于问题的构建（凯娜·莱斯基，2020）。而优化创新设计的问题基点，则建立在对现有设计前提条件和状态的创新性发现，而不是对局部设计问题的解决。基于对已有概念的创新一直是人类所擅长的，从吸管的发明到可降解吸管的使用，从电话的发明到智能手机，这些基于人类设计、创造的优化设计都体现了创新的特征（刘恒，2019）。

以"创新"为驱动的优化设计对创想力的要求是强烈的，如艾科夫等（2009）提出的"思维变革才是优化设计的核心"。由于创新很难在设计思维形成时被定义，所以，"以创新为驱动"的优化设计的概念无法用"最优化"或"解决问题"去评估其创新的可行性。创新思维的引入必然会打破已知经验形成的思维定式，正如前文所述，乔布斯在iPhone手机中引入"多点触控输入"时并未预知到产品会被社会所认可，仅仅凭借创新的直觉和假设推动着技术条件的引入，进而实现了对传统手机设计的颠覆性创新。"优化创新设计"正是以创新假设作为驱动力，推进设计者去探索带有前瞻的、变革的、假设的目标实现。

2.4.4 优化设计的其他视角

在传统的优化设计概念当中，优化是为解决问题而服务的，但在当下，设计研究不止于问题解决。在设计的协同性、服务性、系统性、可持续性等问题上，也能显现优化设计特征，例如：关于协同设计的边界性问题及开放性问题，学者时迪（2017）指出，协同设计的判断依据是：1.是否强调合作；2.非设计人员是否参与模糊前端；3.非设计人员是否提出设计创意。这三个判断依据打破了参与式设计的边界，可以说协同设计是对参与式设计的一种优化式创新。在服务设计中，辛向阳（2020，第63页）教授指出："不同部门之间的服务资源的整合、服务流程的优化，同样也是微观的制度环境的优化。"在管理学中，计划组织指导是优化设计的核心，以至于将互动式规划过程称作"优化设计"，它由两部分共六点组成："构筑理想：1.梳理谜团；2.目标设计；付诸实现：①方法设计；②资源设计；③执行设计；④控制设计"（艾科夫等，2009）。在设计学的造物模仿理论研究中，李立新（2012）教授强调：模仿是有历史规律性的，是传统造物创造的源泉，无论是传统还是现代，模仿的结果最终导致创新的产生。模仿理论中所指的"规律性"，包含优化设计的方法和形式。设计也可以概括成三种概念：模仿、创新、创造（侯悦民等，2007）。

综上所述，作为跨学科的设计理论研究，笔者将来自各个学科的优化设计概念进行分析、探讨，并总结其理念的共性及差异，这对构建优化设计的理论研究是至关重要的，"优化设计"在各个研究领域的普遍存在体现了优化设计的研究价值。

2.5 本文对优化设计的研究界定

由前文可见，优化设计的概念具有宽泛的定义，且研究领域和驱动方式存在着很大的差别。所以，笔者在此对本文所涉及的设计学研究范畴内的优化设计做出了界定，如图2-6所示。

本文的研究范围界定在"以问题为驱动"的优化设计及"以创新为驱动"的优化设计研究基础之上，而研究重点在后者。创新驱动下的优化设计结果是带有一定的不确定性的，区别于解决问题的设计优化，但是，设计问题的解决会在优化创新概念形成后进一步体现出来，否则对创新可实施性的验证便无法进行。这两种优化设计在现实的设计实践中常易混淆，其结果是导致优化设计被广泛地理解为问题驱动下的解决方案产生的设计过程，正因如此，笔者才要对两者背后的设计思维运行模式加以研究、分析，这样不仅能够将优化创新设计作为创新的一种有效手段，还能在理论深处为两者进行定性和梳理。

优化设计	内容探讨	类别	研究领域	方式	目的
	优化 Optimization	概念	事物（设计、系统、决策）	功能性的，有效的行为、方法	完整、完美
以"最优化"为驱动	最优化 Optimize	数学	数学、工程、技术	寻求最优解	最优化
	优化设计 Optimal Design	数学模型	结构、参数、技术、方法	建立模型、选择、计算	最优方案
	最佳思维方式 Optimal Thinking	管理思维	管理、决策、生活	寻求实现条件及最佳	建立最佳目标
以"问题解决"为驱动	迭代 Iteration	技术	系统、产品	问题汇聚、重复、升级	解决问题
	设计的优化 Design Optimization	设计学	设计事与物、实施	问题聚焦、改进	解决问题
以"创新"为驱动	优化创新设计 Optimal Innovative Design	管理学	系统、思维、决策	思维变革、假说	创新、创想力

图2-6 本文研究范围及重点
注：作者自绘

优化创新设计要求设计者构建人、物、事的综合研究，确保创新、推理、分析的思维过程和思维空间的完整性。归根结底，优化创新设计要求在设计实践之前构建起对设计全域的假想和假说，即"假设性"的优化设计思维的构建。从前文论述可见，优化设计的"假设性"是设计者设计思维运转的核心，若要对其进行深入研究，就需要导入思维心理学的理论。

正如本文前两章对反事实思维及理论的研究所述，从心理学到管理学再到设计启发式的研究表明，心理学的成熟理论已经被广泛应用于其他交叉学科的研究中。所以，本文接下来就尝试导入反事实理论对设计者优化设计思维的"假设性"进行深入地研究和解释，并希望能够构建基于"假设性"的优化设计理论。

第三章 基于反事实理论的产品优化设计思维分析

通过上一章的理论综述及分析可以明确，优化式创新是创新思维的一种有效途径。对于设计者，优化设计中的"思维变革"是导致设计者创造力形成的原因。然而，设计者的这种"变革"是如何被启发，又在怎样的逻辑框架和思维模式中进行的呢？在本章，笔者将会以溯因法去探求优化设计的思维过程。同时，笔者将导入反事实理论，对优化设计思维进行深入研究并构建优化设计的思维模型。最后，笔者将优化设计思维模型引入产品设计个案研究，通过对设计者在优化创新设计过程中的设计思维的观察及比较分析，对优化设计思维模型进行验证。故此，本章开始进入主体研究阶段。

3.1 优化设计思维的分析

3.1.1 优化设计思维中的直觉启发

当下的设计创新正在由宏观的创新走向微观的创新，由表层认知的创新走向里层思维的创新，这些设计创新的转化依然有赖于设计者的直觉启发。由于直觉在产生设计方案的过程中发挥着重要的作用，因此，创造力作为一种必备的要素蕴藏在设计者的直觉之中（奈杰尔·克罗斯，2013）。设计概念的产生所涉及的设计思维是一种感性和理性结合的心理活动，这种心理活动常常依赖直觉和经验的启发而进行，直觉是一种心理、经验、逻辑，常常伴随假设和推理而发生。研究设计者的思维就如同研究设计者的设计直觉，如果能够构建理论及方法，便能更好地探求设计思维的创造力。在对设计未来不确定性的探索中，经验信息对逻辑的构建并不是完全有效的，往往是直觉和反思并存，好的直觉没有逻辑，但好的直觉会超越逻辑（吉仁泽，2018）。

设计思维的创造直觉力是基于设计者思维活动上的认知发现和逻辑构建的过程，设计创新的过程与结果也是通过思维来实现的（梁艳、赵文瑾、程军生，2014）。直觉的启发是一种对新事物和新现象的判断和理解，在设计实践活动中，尤其在设计概念形成阶段，直觉也可以理解成"灵感"。灵感是无意识或下意识地思考时所得到的顿悟（王庆英，2001）。所以，直觉启发是设计者出于创造的主观意愿而自动形成的自我启发。直觉是无意识的智慧，并可以发现事物中的逻辑，同样，直觉也是经验法则的认知启发法，而启发法可以解决事物中的问题（吉仁泽，2018）。

创造性个体对主观的理解、潜意识、前意识、内部线索，可能与直觉、知晓感（feeling of knowing）和洞察力的突然改变（leaps of insight）有关（罗伯特·J·斯滕博格，2005）。罗得岛设计学院教授莱斯基在与一位生物学家的讨论中得知：某次，该生物学家做了很多次实验和分析后，仍不能明确问题来源，但他还是继续坚持这项实验，因为他相信自己的直觉，并不需要更多理性的解释。进而，莱斯基认为，直觉是科学家"保持创造力的一种方式"（凯娜·莱斯基，2020，第13页）。或许，科学的创造也是始于问题的不确定性和直觉的推动，直觉作为设计者的思考前端，是设计者所创造敏感度的体现，也可以理解为设计的"感觉"，这种感觉蕴藏的思维变化及其经验创造影响着设计的全域。良好的设计思维创新能力是设计者必须具备的（蒂姆·布朗，2011）。"创新是需要感觉的，作为一名具有创新能力的设计师，需要有好的设计'感觉力'。"（何晓佑，2012，第86页）设计者的设计直觉既包括设计者瞬间产生的认知反应，又包括设计逻辑推理的判断分析。就设计者本身而言，设计创新并不是单独存在的，而是设计者思维形成过程的描述，包含筛选认知、利用设计经验进而形成新的认知的过程（蒂姆·布朗，2011）。设计者的思考和经验，对创新设计思维空间的构建起着至关重要的作用。

前文已述，若视发明为"无中生有"，那么创新则被视为"有中生新"，所以优化设计便一定不会"无中生有"，而是在"有中生新"的基点上进行思维展开的。在优化设计思维当中，设计者的灵感、感觉力、创造力是建立在已有事与物的创新条件基点之上的直觉启发，这种创新条件可以概括成既有设计的"状态、状况"，或者是既有设计的"可能性"。而对这种"可能性"的直觉，源于设计者已有的设计经验和对设计整体框架的认知，所以，设计者认知角度与深度的不同，也会影响设计者的优化设计直觉。

3.1.2　优化创新设计思维中的反省与假说

虽然直觉启发是优化设计思维的起点，但寻求设计创新才是优化设计思维的主要目的。优化创新设计需将"变革"视为思维前端，而变革不能仅依靠设计者的"直觉"。因为，直觉有可能是一种错觉，很多系统性错误的根源就是直觉造成的（丹尼尔·卡尼曼，2021）。尤其在问题不明确的时候，对设计对象"可能性"的评估是关键。反省思维的产生即是一种对"可能性"推理的开始，如前文所述，"怀疑问题本身"这个步骤即是一种反省思维的起点，所以，若不能形成"反省思维"，那么就无法对创新有所期求。

反省思维（reflective thinking）是对于问题反复、严格、持续思考的一种思维过程，是从事实的现有状况暗示其他状况，并以事实状况之间的实在联系作为支撑、依据的一种思考过程，反省思维包含对引起思维的疑难和解决疑难的探究（约翰·杜威，2018）。

在优化创新设计中，设计者思维疑难的建立来自问题的反省，创新要求设计者对设计的状态进行思考，而反省则是对设计现状进行思考、变革的起点，若没有反省，就很难提出创新。对设计基点状态变革的"反省"，需要设计者经验内的推理及经验外的假设共同完成，并且，设计者的反省思维并不是随意的或带有定式的，而是经由反复的分析、对比、假设而形成的。杜威（2018）提到：反省思维，不止于观念的"连续"，而要求它具备连续的"结果"，它是一个持续的、有步骤的过程，前一步决定后一步的结果，后一步参照前一步的成因。所以说，反省是设计者优化创新设计思维运行的开始。

作为设计者，反省过后的冀求是：建立新的假想、假说，进而产生设计变革。这里就涉及反省后的推论与假说，"假说"的目的是追求新的推理的成立。假说是从感性经验开始得到的（王庆英，2001）。"假说是指为了解释某种现象会发生而提出的一组命题，可以将假说解释为假设或猜想。"（Don k, Mak et al.，2011，第38页）日本著名管理学教授内田和成（2014）曾提出"假说思考"，他认为：假说思考是一种思维模式或习惯，也就是在资讯还相当有限的阶段，就不断地思考问题的全貌与结论。"解决问题的假说"与"发现问题的假说"是不同的，解决问题的假说是问题从一开始就很明确，着手设想解决方案的假说，而发现问题的假说是一开始问题本身不够明确，需要认识问题的所在（内田和成，2014）。假说思考也是一种虚拟思维，是设计决策的启发，是设计者所擅长的一种思考方式。面对优化创新设计，我们不能缺少直觉和灵感，经验内的有限知识无法产生更多的创造力，相反，反省、推理、假说等思维活动组成了设计者的优化创新思维。

人类的思维是具有启发性的，但人类思维的评价体系也是带有偏见性的，自由的虚拟和想象是没有基础依据的，很多是来自人类思维的"可得性启发"（丹尼尔·卡尼曼，2021）。设计思维活动的客观规律，在设计构思的开始阶段有必要引入某些典型的客观经验来启发设计思维，达到创新目的（尹翠君等，2007）。设计是在"直觉"与"逻辑"两者间找到最好的平衡后组合而成的（佐藤可士和、斋藤孝，2015）。所以，优化创新设计思维离不开反省和假说的启发。

如上一章笔者对优化创新设计的"创想力"分析中所述，创想力是一种直觉的顿悟、启发。当然，顿悟和启发都离不开一个事实的基点，即"对于已有、已存在事物状态的认知"，"设计基点"是优化创新的前提基础，如图3-1所示。

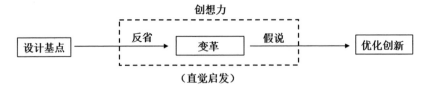

图 3-1　优化创新设计思维的产生过程

注：作者自绘

优化创新设计思维在基点和目标之间搭设了变革的路径，是引入"创想力"的过程。优化创新设计思维是有特定的逻辑的，它不同于无边界的假想、幻想，不能凭空创造，而是建立在设计者主观经验对客观设计基点条件的反思基础上的假设模拟，如果这种模拟进一步发展，便形成了变革的假说，即是产生优化创新设计思维的过程。

人类在近代历史中的创新，正是不断地反省自我认识和经验并提出新的假说，进而将其实现、验证，最终产生创新发展的过程。这种创新价值的产生过程，可视作一种优化创新思维所产生的创造力。所以，本文认为：优化创新设计需要凭借反省和假说去实现思维路径的构建。

　　综上所述，反省与假说正如设计者思辨的逻辑一样，感性和理性的并用启发着设计者设计创新思维的生成。从思维具有的启发性来看，感性的细节恰恰能够掌控理性的大局（丹尼尔·卡尼曼，2021）。创新的前提离不开"引入"，引入的可能是一种新方式或是一个新条件，也可能是新的启发或者是新的框架。反省、假说是优化创新设计的必要过程，这种思维的运作形式呈现出分析和推理的特征，也必须借助一定的思维逻辑而进行。由此笔者认为，反事实思维即是这种心理结构的基础，所以，笔者将导入反事实理论对优化设计思维进行进一步地解析。

3.2 反事实理论对优化设计思维的启发

对于设计者而言，优化设计思维的形成很大程度是受直觉动力的影响而产生的，这也正是人类特有的，它包含情绪、经验、认知等复杂的多因素思考过程，也反映在人类的反思、假设、分析、推理等一系列逻辑构建的思维活动之中。根据上一章关于优化设计的研究界定，本文所研究的优化设计包含两种类型，即问题解决驱动的优化设计和创新驱动的优化设计。既然是两种不同的设计类型，就会产生两种不同的设计思维。本节，笔者将通过导入反事实理论，对两者思维形式的内容和结构进行研究。

3.2.1 反事实思维启发优化设计"问题"的解决

以问题解决为驱动的优化设计，往往是将问题进行汇聚的、渐进式的设计过程。这种问题的解决是基于设计问题发现而进行的设计思考方式，常常表现为"因为（because）……，所以（of）……"的因果推理形式，继而又引出"如果（if）……，那么（then）……"的假言推理形式，但有时也会表现为综合的因果推理形式。总的来说，这种以问题解决为目标的优化设计思维构成了"由因及果"的分析形式，例如设计者在做饮料瓶体的设计优化时会构想：因为饮料中的碳酸气泡会产生强大的胀力，所以会造成塑料包装的膨胀，如果碳酸饮料采用方形的塑料瓶体，那么瓶体将会膨胀变成圆形，因此，设计者应该避开使用方形的塑料瓶体去设计碳酸饮料的包装，进而，可以在圆形的瓶体造型中做选择。在这个产品优化设计分析例子中，有两种因果推论形式在复杂的因果关系中进行逻辑构建：前一种是设计者认知经验上的推论，即碳酸饮料会使塑料瓶体膨胀，而后一种则是对未来可能性进行的判断，即假如用方形塑料瓶盛装碳酸饮料会产生的结果。最终是经验和可行性的因果推论启发了设计问题的解决，而设计者的这个推理过程即运用了反事实思维的模拟启发形式，从而达到了问题解决目标的实现。

在反事实思维的活动中，人们常常在内心进行"如果——那么"的心理模拟形式，进而做出经验上的因果推断评估，例如"如果出门带伞了，那么就不会被雨淋湿了"，其中的"如果……，那么……"的假言推理中自然就包含了"因为没带伞，所以被淋湿了"的因果推理。一个好的反事实理论可能会揭示更多的因果关系（Lance，2010）。

根据反事实理论的"范例说"，既定事实与人们内心标准的偏离会自动激发反事实思维的产生（Kahneman & Miller，1986；Roese，1997）。同时，范例说也强调了这种"偏离"与"激发"是基于人类思维的"可得性"而形成的，对于简单的、经验内的问题，"由因及果"的因果推理即是反事实思维的开端（because...of...），接下来的假言推理的构建则是反事实思维的模拟过程（if...then...）。

寻求问题的解决是优化设计思维的基本任务，这种思维是基于设计者认知及设计经验的分析、推理的过程，可以描述成：一旦优化设计的基点不符合设计者的认知经验或偏离了设计者的设计标准，出于问题解决的驱动，设计者就会自动激发反事实思维，对既定设计的基点进行因果推理，发现基点的问题，进而又产生了问题解决的假设，并通过假设推理去分析可能产生的各种情景，最终提出新的解决方案。对优化基点问题的发现是"因"，假设出的解决问题的情境是"果"。"由因及果"之推论的产生，在两阶段模型理论中是从激发阶段指向内容阶段的。

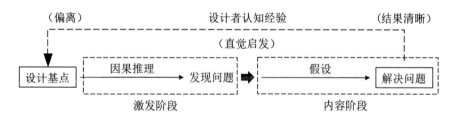

图 3-2 反事实思维启发优化设计的问题解决过程
注：作者自绘

优化设计思维的直觉启发是建立在设计者的认知经验基础之上的，那么，认知经验即决定了是否能够产生优化设计思维的直觉，如果设计者认知经验不足或者不够，就不能在一开始就构建出"结果清晰"的假设，进而很难在一开始就建立起对设计问题的"模拟解决"，也就不能产生反事实思维。所以，在优化设计思维中，这种"模拟解决"是经过设计者对设计基点的问题可得性的"结果先行"而启发的，先行的结果是由设计者认知经验与设计基点的内在联系构成的。而对于这种联系，先行的结果导致了设计者去寻找原因，然后进入"由因及果"的溯因推理形式，即形成了前文笔者探讨的"直觉启发"，如图3-2所示。

虽然通过两阶段模型可以观察到偏离标准产生的激发阶段与内容阶段是先后不同的两个阶段，但两者发生也可能是在瞬间完成的（Roese，1997）。大量证据证明，反事实思维决定了随后的因果推断，人们常常在心里模拟出"如果——那么"的推理，进而能够做出因果推论（Kahneman & Tversky，1982；Kahneman & Mille，1986；Kahneman & Varey，1990）。反事实思维是因果推理的基础，许多归因的理论均可以看作是反事实的特例（Lipe，1991）。反事实思维是因果推理的决定因素（Wells & Gavanski，1989）。

可以看出，问题解决驱动的优化设计是建立在设计者结果先行和因果推论基础之上的，而且，这种基于经验的结果先行会导致多次因果推理的寻找，因果推理的条件一旦发生变化，问题的解决即会产生更多假设的结果，而假设的结果又造成了结果先行的发生。正如Roese（1997）所指出的，反事实假设的先行词的断言建立了与事实状态的内在联系，也就是说，反事实条件句总是指向真实条件句，这也是科学家们推断原因的主要方法。

综上所述，问题解决驱动的优化设计是"由因及果"的反事实推理过程，并且可能普遍存在于设计者的设计思维当中。这也同时印证了产品设计者解决问题的思维往往是一种持续地对产品原型进行修改的优化过程。从发现问题到解决问题，再到两者的循环，虽然"由因及果"是产品设计解决问题的基本方式，但是，笔者认为，这种"范例说"理论下基于经验激发的反事实启发，同时也是设计者思维定式形成的主要原因。因为，这种"由因及果"的形式是以问题发现、汇聚为基础的结果清晰的优化设计，所以，对所设计事物的整体而言，往往很难形成创新。

3.2.2　反事实思维启发优化设计"创新"的提出

3.2.2.1　反事实"因果推理"启发"创新"的可能性分析

前文已述，设计者寻求问题解决是建立在直觉启发之上的，并且，"由因及果"的优化设计来自复杂的反事实思维过程，而创新驱动的优化设计则要求设计者首先进行反省思维的构建，这种反省是对基点的既定事实、条件进行因果分析的过程。由于设计者无法对"创新"直接构成"结果清晰"的认知判断，所以不可能形成"结果先行"的假设，但为达到创新的期望和意图，设计者势必需要主动借助一定的因果推理及创新的可能性去完成对基点的分析。

笔者认为：这种由创新目的驱动的因果分析是一种"由果及因"的过程，也即优化创新设计思维。这里所指的因果分析，并不直接代表因果推理："分析"是指把事物、概念、现象等内容分解成多个组成部分，再去寻找本质属性和各属性之间的联系，而"推理"更倾向于对一个或多个判断去推出新判断。逻辑实证主义哲学家维特根斯坦认为："我们不能从现在的事件推出将来的事件……因果律不是规律，而是一种规律的形式。"（维特根斯坦，1996，第65+97页）人类思维只要涉及推理本身，都具有必然性，但是，因果性是人类知性的构造物（王策，2011）。反省思维的假设形式便是设计者因果分析的体现，并且，反事实思维为设计者的反省提供了因果推理展开的思维框架。

"因果分析"是设计者为了构建创新"可能性"的多重因果推理比较，目的是寻找变革基点的前提并构建假说。由于优化设计的基点中包含了这种因果分析所需的前提条件，而这些条件恰恰又需要设计者利用因果分析去发现其创新的可能性，包含前提条件的搜索和思维空间的构建，而不是仅凭直觉和经验去判断，如图3-3所示。

期望和意图是"目标指向说"中的功能主义观点核心，所以，反省的因果推理构建了期望和意图的起点。反事实的想法产生了有用的因果推论（Roese，1997）。因果论可以从

图3-3 反事实"因果推理"启发优化创新的可能性分析
注：作者自绘

真正的实验中得出，但人们也可以在头脑中运行一个反事实模型，进而在无法真实实验的领域进行分析，例如历史和法律，并推断因果和夸大因果关系（Roese，1997）。瑞士心理学家皮亚杰指出：成人的思维发展能够依据形式逻辑规则进行抽象的、合乎逻辑的判断和推理（J·皮亚杰、B·英海尔德，1980）。

通过"目标指向说"来解释此阶段的研究，那就是，因果分析是设计者"期望和意图"的因果推理，是为了提出"假设"而做准备的。为了达到"创新"的设计目的，设计者需要通过因果推理去寻找基点的变革，这里包含众多前提条件的因果分析。也就是说，为了寻求更多的假设，就要形成更多的因果分析，因果分析也是对基点前提变革可能性的评估。

3.2.2.2 反事实"假设"启发"创新"的基点重建

反事实思维具有强烈的"虚拟"和"假设"的特征，而这种特征会构建假设的心理模型，进而构建因果推理或命题推理（Legrenzi et al.，1993）。陈俊等（2007）指出，反事实思维更多强调的是对过去已经发生了的事件的模拟和替换，目的是预测、推理、归因，进而改善人们的目标行为，艺术创造和科学研究都离不开虚拟、假设思维。张结海与朱正才（2003）将counterfactual thinking翻译成"假设思维"也是对其核心概念的提取。"假设"是反事实思维的核心内容，而"虚拟性的结果"是假设后的推理重建，所以，反事实推理核心目的是构建"假设否定"的可能性，因此，反事实思维的假设心理模型不能用单一的因果推

假设性设计：反事实的优化设计

理替代。

　　人们关于推理的最初假设是心理逻辑假设，因为人们在推理中将逻辑规则应用于心理操作，推理有多种形式，演绎推理是其重要的一个组成部分（毕鸿燕等，2001）。"演绎推理是从一个或几个已知命题推出一个新命题的思维形式，是人类独有的高级认知活动过程。"（胡竹菁，1999，第28页）"反事实命题真假的判断并不能仅仅依靠抽象逻辑规则，另外还要涉及固有的有关推理的心理原则。"（张坤，2005，第1页）那么，反事实思维受限于演绎推理的心理逻辑假设吗？"心理模型论"的学者认为：推理本身就是一个形式逻辑，但推理基本上不具有逻辑性，也即在推理中无须应用逻辑规则（Bryne & Johnson-Laird，1989；Johnson-Laird，2001）。所以，从另一角度观察，基于反事实思维建立的因果关系推论不需要明确的分析逻辑，它反而是一种心理模型的表征。心理模型论可以说明，处于人类思维中心地位的反事实思维与逻辑思维带有根本的相似性（张坤，2005）。在优化创新设计中，正因为假设的提出并不需要逻辑的验证，不受逻辑性的限制，这样才能有利于创新设计思维的形成。

　　很多学者认为，反事实思维决定了随后的因果推断的产生（Kahneman & Tversky，1982；Kahneman & Miller，1986；Kahneman & Varey，1990；Lipe，1991；Wells & Gavanski，1989）。但是，N'gbala 与 Branscombe（1995）认为：反事实思维与归因判断分别具有不同的任务特征，两者是独立的、不可替代的思维加工过程，前者是关注结果发生的必要条件，进而"消除"不良结果，而后者是在"解释"不良结果。同时 Roese（1997）指出：反事实思维总是带有因果含义的推理断言，但这并不意味着反事实思维对于因果推理的发生是必要的，然而，反事实条件句却代表了个人可能使用的一种因果信息来源。关于反事实的推理机制研究，张结海与朱正才（2003）认为：反事实思维也可能是先经历自动反应，接下来在随后的认知加工上对原先的假设思维进行重构，形成了新的反事实思维。

　　通过心理学家对反事实思维的推理、逻辑、归因等功能方面的解释可以得出，反事实思维形成的假设虽然表达了因果关系，但不靠因果关系来表达原事件的实际表征，而重建假设推理才是其主要的心理内容[①]。主观功能性下的反事实思维是有其目标指向性的，它始于人类对内容的更改而有控制地激活。"否定"的目的是对既定事实的"撤销"（Roese，1997）。

如图3-4所示，在反事实思维两阶段模型框架上，从内容阶段的假设推理指向激发阶段的因果推理是为了重建基点，这个基点重建的过程是由基点的前提条件分析出发，进而对基点的事实进行否定的过程。因此，可以看作是由"果"及"因"的过程，即为了要达到创新的目的而产生"假设提前"的过程，该过程印证了"目标指向说"具备功能性的观点。

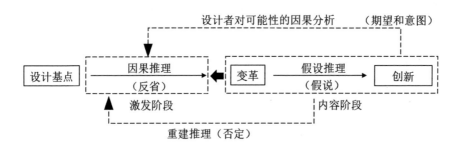

图3-4 反事实"假设推理"启发优化创新设计假说的提出
注：作者自绘

在假设推理的构建之后，设计者在寻求对基点否定、变革的同时，又重新进入因果推理阶段，并持续寻找基点中可变更的前提。由于否定的命题的真伪不能仅靠单一的因果推理而判断，所以，设计者在提出基点变革的诉求后，重复的"假设"条件搜索便成为设计者创新的可能性分析的重要思维形式。日本著名设计师佐藤可士和（2015）指出："设计"就是设计者在"直觉"和"逻辑"两者间找到最适合的平衡后而形成的。设计者的"洞察力""直觉力"不能在起始阶段就仅依靠形式逻辑或经验推理去构建，相反，提出假设是优化创新设

[①] 反事实的想法可能阐明一个因果性强的先行行为，进而在未来引发对该行为后果的期盼。这种认识增强了执行该行动的意图，这可能会影响该行动的行为表现（Roese，1997，p.142）。

计思维模拟的一个重要步骤。

综上所述，结合"目标指向说"理论的内容，设计者的优化创新设计思维并不是直接形成的，设计者是不可能在没有对问题的观察和经验的评估基础上提出创新概念的。在优化创新设计的开始，设计者便形成了对设计基点的因果评估分析，之后产生了创新的可能性的假设，这种假设思维的产生并不是随机的，而是设计者高级的分析、推理活动，是对知识综合判断的假设过程，最终完成了对设计基点的否定、重建。

很明显，"由果及因"的假设推理的复杂程度高于"由因及果"的推理，这种思维活动对于设计者而言是超越直觉判断的，是设计者发现创新的一种途径，也是设计者优化创新设计思维的核心。

3.2.3　基于反事实理论的优化设计思维模型构建

如上一节所述，优化设计思维的形成过程受到了反事实思维的启发，并且，这种启发是笔者通过对反事实理论的解析得以观察到的：首先，问题解决驱动的优化设计是由"激发阶段"自动激发生成的，其目标是为了发现问题，而创新驱动的优化设计是从"内容阶段"主动激发生成的，其目标是寻找基点变革；其次，基于问题解决的优化设计思维是"由因及果"的过程，而基于创新驱动的优化设计思维是"由果及因"的过程，两者代表着不同的反事实思考方向，"由因及果"的优化设计思维是从"激发阶段"指向"内容阶段"的过程，而"由果及因"的优化设计思维是从"内容阶段"指向"激发阶段"的过程。

在以上的分析、总结基础上，可以对优化设计思维进行两方面的构建，即基于"范例说"的"问题解决"优化设计思维和基于"目标指向说"的优化"创新"设计思维。由此，笔者构建出基于反事实理论的优化设计思维模型，如图3-5所示。

通过反事实理论可以对优化设计思维模型进行以下解释：1. "问题解决"的优化设计思维的因果推理是由基点偏离了设计者的经验而引发的，而优化"创新"设计思维的因果分析

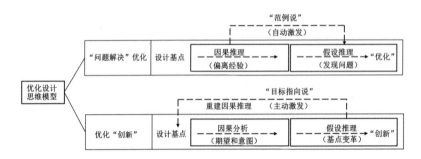

图 3-5　基于反事实理论的优化设计思维模型

注：作者自绘

是设计者出于对基点变革的期望和意图产生的；2."问题解决"的优化设计思维是以发现问题为目标的，在两阶段模型中正向发生的由因果推理到假设推理的过程，是简单的反事实推理结构。优化"创新"设计思维以基点变革为目标，在两阶段模型上是逆向发生的，即从假设推理到重构因果推理，而作为设计者先行可能性的因果分析在重构推理之前完成，所以优化"创新"思维模型使用了更复杂的、更多的反事实推理和分析；3.反事实思维的假设推理是优化设计思维的核心，在"问题解决"的优化思维中，假设是整个思维模型的"结果"，而在优化"创新"思维中，假设是整个思维模型的"原因"，两者利用假设的不同之处恰恰代表了两者结构的不同。

　　本文对优化设计思维的研究重点在产品优化创新设计，借助优化设计思维模型，可以清晰地得出，以问题解决为驱动的产品优化设计不同于以创新为驱动的产品优化设计：前者很容易使设计者进入产品设计的思维定式，即产品设计者经验内的因果推论形式，进而，很难突破产品本身的局限；而后者借助了反事实的因果分析和假设，在设计思维空间中实现了假设的推理重构，这样便产生了产品创新的可能性，使设计者"跳进"了可能性的思维空间（Yilmaz et al.，2011）。

　　例如设计者在做某件产品的优化设计时就会有两种优化设计的思维途径：如果产品基点的问题与设计者的设计经验偏离，设计者出于自动的经验修正，便会发现问题，进而产生问题解决的优化思维，提出解决问题方案。但是，如果设计者出于创新的期望和意图，避开问题的自动激活，利用反事实的因果推理进行问题分析，并寻找设计基点中可变革的前提条件因素，再进行创新假设，便可以提出创新性的设计概念，进而实现设计创新。

反事实思维的"范例说""目标指向说""两阶段模型"为优化设计思维模型的构建提供了理论依据，在接下来的研究中，笔者将把优化设计思维模型引入具体的产品设计个案研究中去观察、分析真实设计中设计者的思维变化，进而对所构建的优化设计思维模型进行验证。

3.3 个案研究

在设计研究中，个案研究被认为是最主要、最常用的定性研究方式，常常致力于新知识的发现（郑丹丹，2020）。个案研究的目的有两种：1.在事实层面上探索从"部分"认识"整体"的途径；2.在理论层面上通过个案研究进行理论启发或检验（王富伟，2012）。设计方法学主要集中在描述真实而非想象的过程，这些过程由真实的步骤组成，最后能产生出更好的结果，不同之处在于，设计方法学致力于改进设计实践（Kroes，2002）。

上一节，笔者导入反事实理论作为优化设计的思维框架，进行了溯因分析，并构建了优化设计思维模型，但这种基于理论的思维模型构建并不是研究优化设计思维的唯一方式，设计思维的研究不同于设计的研究，对设计思维的研究是基于对设计研究的抽离和构建。本节，笔者将对具有代表性的优化设计个案进行深入研究，旨在对所构建的优化设计思维模型进行有效的证实。

基于研究的完整性目的，本文选取了两种类型的产品优化设计个案：一种是基于产品设计角度的，经过长期跟踪及资料汇总形成的产品优化设计个案，目的在于检验复杂产品设计中优化设计思维的过程及其对设计者设计方案产生的影响，进而验证产品优化设计思维模型的真实性；另一种是基于形象设计创意所引导的优化设计个案，此个案的代表性是其具备明显的优化设计分界，并具备完整的设计流程记录及文献资料。两组个案又同时包含设计者的优化创新思维及问题解决优化思维的过程，两者共同构建了完整的优化设计思维特征，并且这两组个案的设计结果已经得到一定的社会评估和认可。

本节研究主要采用的是设计访谈法及口语分析法，这两种方法都是用于研究设计思维本质的方法（Cross，2001）。笔者主要通过对两组个案的设计者进行非结构化的访谈及访谈后的问题溯因、口语分析来探究设计者的反思和优化设计思维的变化，其中口语分析法会在本文后续的实验研究中详细介绍。同时，笔者在访谈及问卷的设计中采用了心理学中关于"目标问题"和"启发式问题"的研究设计，即"当人们按照要求对可能性做出判断时，其实他们已经对其他的事情做出了判断"（丹尼尔·卡尼曼，2021）。在有些问题中，笔者设计的"问题"是具有启发式的，其目标是对被访者设计思维的真实发生做出探究。例如第一组个

假设性设计：反事实的优化设计

案中，对被访者设计思维产生数量的探究就是一个使被访者很难回答的问题。如果笔者直接去询问被访者，恐怕得到的是经过被访者思维加工或者处理后的非有效答案，但通过对这个问题相关的设计过程的回溯启发、理念询问等方式，被访者会在回答简单的"启发式问题"的同时，为笔者的目标问题——"设计思维产生的数量"做出回答。又如笔者对第二组个案中两位设计者在设计过程中是否存在优化设计基点的访谈中，目标问题是二人是否将往届吉祥物设计作为设计基点，这个问题对于设计者是很难回答的（会影响原创性的歧义问题），但笔者通过在问卷中设置了"启发式问题"——"在设计初期，你要求你的设计要与以往的吉祥物设计形象上差别百分比应该是多少？你觉得往届吉祥物的设计如何？"得到的是笔者对目标问题——"是否将往届吉祥物作为设计的基点"的有效回应。

3.3.1　3D打印无源索线假肢的优化设计

笔者通过观察、调研、访谈等方式对本案进行质性研究，将收集到的关于本案的相关研究资料和数据进行分类、比较、分析，主要研究步骤及内容如表3-1所示。

表 3-1　3D 打印无源索线假肢个案研究的步骤

生产要素	主要观点	假设句
第一阶段	个案的观察 个案资料的获取 研究方法的说明	背景介绍 内容描述 效度描述
第二阶段	设计者的访谈 访谈结构的设定 数据的分析	数据的整理 口语分析 设计思维提炼
第三阶段	设计思维的分析 推理、论证	反事实优化设计思维模型的验证

注：笔者根据研究内容整理

3.3.1.1 个案背景介绍及内容描述

康复辅助器具是康复系统的重要产品类型，假肢和矫形器服务是社会平等及国家康复服务的体现（方新，2019）。本案研究的提供者为吉林省世纪归来智能科技有限公司，该公司长期致力于3D打印技术与残障康复产品结合的项目研发，属于国家康复辅助器具协会会员单位，得到了业内专家的认可和支持，并拥有相关研究专利十余项。该公司在全国各地高校及研究所设立了多家定点采集站，收集了数百名残障人士的断肢数据，并为众多残障人士提供了有效的康复解决方案和假肢产品。本案例研究的主要对象为其公司名下"3D打印无源索线假肢"，这是一个复杂的产品设计，包含新需求、新技术、新材料、新的使用方式等创新特征，其设计者张烨作为该公司的法人兼主设计师，拥有多年的产品设计经验，从2013年至今一直从事大量的产品设计研发工作。

该公司的"3D打印无源索线假肢"第一代产品于2016年投放市场，并与各省级残障机构联合捐赠于200多位残障人士，在同时期的假肢设计制作市场上属于创新型产品。在2017年，该公司重新设计发布了第二代3D打印无源索线假肢，如图3-6所示。

小臂残疾部位

第一代

第二代

图3-6　3D打印无源索线假肢第一代与第二代产品
资料来源：吉林省世纪归来智能科技有限公司

在"3D打印无源索线假肢"产品问世前，市场上的传统假肢停留在以塑料及硅胶材料为主的仿真假肢产品制作阶段。该类产品具备以下设计问题：1.手工测量，配型不准；2.工艺复杂，生产较慢；3.仅具装饰性，并无实用性；4.舒适度差，价格昂贵。

基于这些传统假肢产品制作上的缺陷，设计者张烨针对小臂截肢的残障人群，提出了3D打印无源索线假肢的设计理念，在国内率先将3D打印定制技术应用于小臂截肢问题的解决，并采用了索线传动方式取代了传统电机驱动的方式。在第一代3D打印无源索线假肢得到行业及市场认可后，设计者张烨又对其进行了优化迭代，设计制作了第二代假肢产品，并得到了行业内的认可。本组个案是关于设计者张烨对两代假肢的设计思维及设计过程的研究，旨在检验优化设计思维模型在设计者产品优化设计实践中的真实存在。

3.3.1.2　个案效度描述

本研究认为，从传统假肢产品到"3D打印无源索线假肢"产品，反映了产品设计理念的优化创新：首先，在假肢设计需求类产品中，该产品的设计者并没有沿着传统假肢设计制作的思路，而是将假肢使用人群需求进行细分，将小臂截肢的残障人士设定为新的需求群体，并发现了传统假肢与该群体之间的功能问题，进而重新定义了假肢需求，实现了产品需求基点的变革与创新；其次，将3D打印技术和索线传动技术引入假肢设计制作，符合创新的技术"引入"概念；再次，该产品得到了社会和市场的认可，并已经投入使用，得到了有效的支持和数据；最后，该产品自第一代产品问世后，经历了优化迭代设计，第二代产品同样得到了社会的认可。所以笔者认为，就其产品设计的复杂性、创新难度、阶段性、完整度而言，该设计属于产品优化创新设计和迭代设计的代表，符合笔者对优化设计思维模型检验的研究目的。

3.3.1.3　访谈的研究设计

笔者对该案的研究采用了访谈法，该访谈分两部分进行：第一部分属于半结构化的访谈，在与被访者张烨针对本研究的内容及目的进行基本沟通后，围绕本研究阶段所需要解决的两代产品的设计思维运用问题，笔者对设计者进行了深入的访谈；第二部分属于非结构化的访谈，笔者针对设计者优化创新设计思维的产生及设计者对具体设计思维的描述进行观察，同时获得该案的一手资料进行研究分析，具体访谈步骤设计如附录1所示。

访谈时间为2020年7月10日，持续时间为2小时（第一部分1小时10分钟，第二部分50分钟），地点为国内某高校的创新研究工作室，访谈内容整理者为本案的受邀研究员：两位产品设计专业的硕士研究生（笔者事先已经与两位研究员对研究的内容进行了沟通，目的是使二人了解本案访谈的内容设计，并且做到无偏见地提炼有效的研究数据）。

访谈现场录音工具为"科大讯飞XF-CY-J10E智能办公本"，如附录2所示。该工具可以即时记录受访者的口语，并通过人工智能同步转译为文字，而且可以储存成电子文件并且进一步转换为计算机文档，以便研究员进行进一步的数据整理。

3.3.1.4 访谈第一部分及被访者的口语分析、转译、编码

第一部分访谈问题的解释：访谈要探求的是设计者对该产品的基本性质及设计过程的认知描述，旨在深入了解设计者的优化设计思维过程及变化。首先，笔者要对设计者的整体设计回溯进行观察，找到设计者的两代假肢设计是否有明显的设计基点；其次，笔者要观察设计者在考虑创新及优化时的设计理念运用情况；再次，笔者要深入观察设计者在设计创新阶段及优化阶段的设计思维运用及分布情况。

第一部分访谈现场如图3-7所示，共10个关于本案第一阶段要访谈的问题：前5题是关于设计者设计理念及经验应用的问题，后5题是探求设计者潜在的设计思维变化的启发性问题。具体的访谈问题如附录1所示。

通过被访者张烨对本个案设计期间的内容回忆及口语描述，研究员得到了关于录音设备转化成文字的原始资料（原案）。在去除不必要的口语内容后，研究员对原案进行了口语分析、转译、编码，例如问题1的口语分析、转译、编码，如附录3所示。

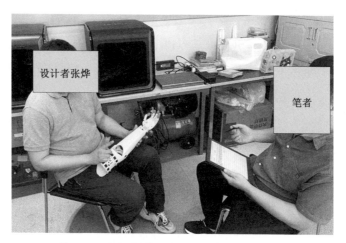

图 3-7　3D 打印无源索线假肢设计者访谈第一部分的现场
资料来源：本文受邀研究员拍摄

口语分析：由于第一部分访谈属于半结构式研究，笔者提出的问题有明确的信息收集目的，但设计者的回答是基于回忆性的、带有思维加工成分和口语化的表述，且笔者作为研究者有着主观的认知成分，故访谈得到的口语资料需由两位研究员根据笔者所提问题进行简化，去除不必要的口语及与本研究无关的内容，根据笔者的问题内涵，再进行口语分析，提炼出关于两代假肢中设计理念和设计思维两方面的有效关键词，详见附录3下划线部分。

转译：由两位研究员将提取后的关键词对应其口语部分的设计思维分析进行转译，转译是对关键词体现的设计内涵概括的描述分析（笔者之前已将转译标准讲述给两位研究员，要求二人的判断标准达到一致时，方可转译，保证转译的最小偏差），转译后共产生38项带有设计者理念和设计思维描述性分析的关键词句，同时与口语文字内容位置对应，详见附录3"转译、编码"部分。

编码方法：本实验的两名研究员对转译后的词语进行了编码（为了研究方便，在后文中将"3D打印无源索线假肢"简称为"假肢"）。基于设计先后顺序，第一代假肢用字母"A"代替，第二代假肢用字母"B"代替，"概念生成"为设计的第一阶段，用数字"1"

表示，"设计实施"为设计的第二阶段，用数字"2"表示，而用字母"T"代表两位研究员对设计者设计思维的提炼。那么很显然，"A1"代表设计者在第一代假肢"概念生成"阶段的理念运用，而"B2"代表设计者在第二代假肢"设计实施"阶段的理念运用，"TA"代表设计者做第一代假肢设计时设计思维的发生情况，"TB"代表设计者做第二代假肢设计时设计思维的发生情况，"TAB"代表设计者对于两代假肢设计共有的设计思维（本文暂不做研究参考）。

3.3.1.5　访谈的数据分析

根据口语分析的数据呈现，详见附录4所示：设计者的第一代假肢设计是带有明显创新目标驱动的，假肢优化设计的创新"基点"是传统假肢带来的需求空位，是设计者根据客户、技术、使用方式等需求条件分析、推理而带有目标指向性的主动激发的；第二代假肢设计属于第一代假肢设计的再次优化，优化"基点"是建立在第一代假肢反映出来的问题基础之上的，是设计者出于设计经验对第一代假肢所发现问题进行的解决方案实施，包含造型、结构、技术、成本、市场等问题，未见到主动创新的目的；两代产品均属于优化设计，第一代产品属于产品优化创新设计，第二代产品属于第一代产品的问题解决设计。此结果符合前文笔者构建的基于反事实理论的优化设计思维模型的两种思维形式，即第一代假肢设计中设计者的优化设计思维是"由果及因"的假设，而第二代假肢设计中设计者的优化设计思维属于"由因及果"的假设。

如图3-8所示，笔者又对口语分析的数据进行了图表的统计分析，可以得出如下研究发现：首先，设计者在两代假肢产品设计概念阶段的理念运用均大于实施阶段的理念运用，分别为9：3和6：3，这个数据比例是可以理解的，因为设计者设计概念阶段势必会运用很多先验理念来保证设计目标的准确性，而实施阶段主要是由加工实践及技术经验完成的，不需要过多的理念支撑；其次，设计者在两代假肢设计中，设计思维发生的数量比为11：4，有着明显的差距，这个结果直接表明设计者在第一代假肢的优化设计中产生了更多设计思维的分

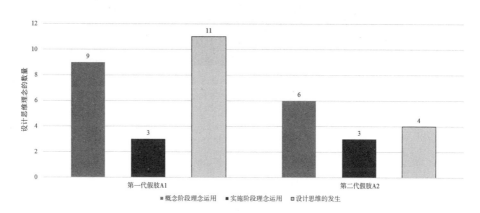

析和推理，验证了前文的研究，即优化创新式设计思维中反事实假设推理的复杂程度大于问题解决式优化设计思维中反事实推理的复杂程度，这也符合反事实理论中"目标指向说"和"范例说"的观点。最终，访谈第一阶段的数据结果及分析为基于反事实的优化设计思维模型的两种思维框架的复杂性及创新性差异的检验提供了有效的支持。

3.3.1.6　访谈第二部分的研究

访谈第二部分的内容为非结构化的定性研究，访谈现场如图3-9所示。虽然在第一部分笔者通过对设计者张烨半结构化的访谈及口语分析、采集、转译、数据编码来呈现了设计者在两次假肢设计中的优化设计思维运用情况，但设计者的优化创新设计思维具体是如何被激发以及设计者如何运用假设思维去构建创新分析的过程，是研究反事实优化创新设计思维模型的重点内容。

笔者在第二部分的自由访谈中，目的是想探求设计者张烨在做第一代假肢设计概念时的设计思维是否符合反事实优化创新设计思维的逻辑过程，是探究设计者设计思维的进一步研究。笔者的访谈问答记录，详见附录5。

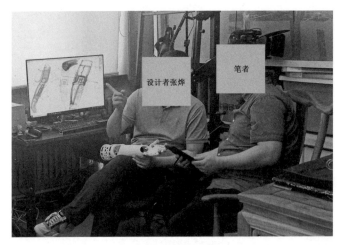

图 3-9　3D 打印无源索线假肢设计者访谈第二部分的现场
资料来源：本文受邀研究员拍摄

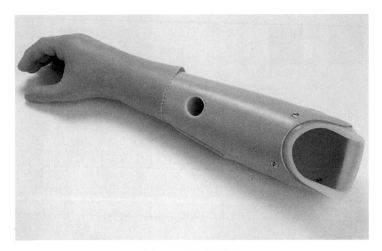

图 3-10　传统硅胶假肢
资料来源：吉林省世纪归来智能科技有限公司

　　笔者通过与设计者张烨的对话，可以观察到隐含在第一代假肢3D打印技术条件引入之外的优化创新设计思维的运用。例如，设计者张烨的回答表明了熟悉3D打印技术并不是促成设计方案形成的最主要因素（详见附录5访谈下划线文字），而对传统假肢的观察以及对残障使用者心理问题的思考成为设计者创新的基本动力，访谈中设计者所指的传统硅胶假肢如图3-10所示。

　　通过访谈的对话文字记录，可以观察到当时设计者张烨认为他发现了一个针对假肢更有意义的设计点，即弱化残障使用者因生理缺陷而产生的心理问题，转而形成一种佩戴假肢很"酷"的行为假设。这种假设是一种思维的变革，我们可以通过设计者的原始概念草图观察

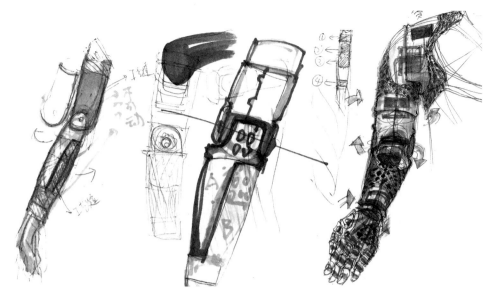

图 3-11　第一代假肢创作的原始草图资料
资料来源：设计者张烨

到，如图3-11所示。通过设计者张烨提供的原始草图，可以发现设计者初始设想的假肢与传统假肢存在的巨大差异。这种源于设计者的"思维变革"是"目标指向说"下的反事实优化创新设计假设产生的有效证据，这种设计思维的扭转是传统假肢行业内的设计者很难凭借经验内的优化设计思维而产生的。

在优化创新设计思维的假设中，设计者张烨首先借助了设计草图对假肢基点的综合判断分析进行了概念呈现，草图可以说是设计者张烨的设计思维工具，也是设计者假设提前的证据。根据已有假肢设计基点的范畴和内容，设计者张烨不去考虑是否能够相比传统假肢更具备仿真性，而是假设假肢应该充满概念性，并从这个出发点进行设计草图的绘制。如访谈中设计者所述，虽然设计者知道当时现有的技术条件和加工条件不能满足概念性的产品实现，但设计者依然大胆地假设，很明显这种假设是对传统假肢基点状态事实的变革。之所以称之为对基点的思维变革，是因为设计者并没有凭空想象出一种肢体的替代物，这点符合反事实优化创新设计思维模型中的对基点进行否定且不脱离基点事实范畴的优化设计特征。

如图3-12所示，通过导入反事实优化创新设计思维模型分析，上述研究结果验证了前文笔者论述反事实"假设推理"中所提到的：设计者通过对可能性的因果分析（期望和意图），对传统假肢设计的基点进行否定，进而重构了一个新的推理模式，并且带有强烈的反省和假设特征。设计者为了达到创新的实现而进行了先行假设，也可以说是由"果"及"因"的假设思维过程体现。

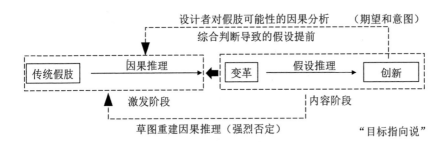

图 3-12 基于优化创新设计思维模型的假肢设计分析
资料来源：作者自绘

在最后的访谈中，笔者提出当时是否考虑做下肢产品设计的问题时，设计者张烨的回答是否定的。虽然在当时是出于设计者其自身的直觉，但也恰恰验证了优化创新设计思维假设的可能性分析是设计者对前提条件的可行性综合判断导致的，而这种可行性分析在设计者看来是一种直觉，通过草图去进一步分析是设计者常用的先行假设方法。这一发现，更加体现了"目标指向说"与"范例说"两种理论下的优化设计思维的差异，设计者的综合判断分析能力决定了其期望和意图的构建。

3.3.2　2022 年冬奥会、冬残奥会吉祥物的优化设计

3.3.2.1　个案的背景描述

该组个案由2022年冬奥会吉祥物"冰墩墩"及冬残奥会吉祥物"雪容融"两个设计项目组成。项目采用对全世界进行设计方案征集的形式，自2018年8月8日开始征集至2019年9月17日对外发布，历经一年多时间的征集、评选、优化设计，最终确定项目主体设计为立体吉祥物形象设计，如图3-13所示。

其中，"冰墩墩"设计方案的主创设计者为广州美术学院视觉艺术设计学院教师刘平云，"雪容融"设计方案的主创设计者为吉林艺术学院产品设计专业本科学生姜宇帆。在两

位设计者设计的主形象被选中之后，两个形象的优化设计由两组专业设计团队共同完成，分别为曹雪教授作为总设计师的广州美术学院设计团队和郭春方教授作为总设计师的吉林艺术学院设计团队（吴东，2019）。

图3-13　（左）"冰墩墩"、（右）"雪容融"
资料来源：吴东（2019）

经过笔者对文献及官方纪录片的解读，本个案的特点在于其包含形象设计、形象优化、动画设计及媒体设计、衍生产品设计、宣传设计等，但促使两个与众不同且具备创新性的形象方案最终被专家确定下来的是冰糖葫芦的"冰壳"符号以及"灯笼"的符号。那么，这两个符号的创新性及特殊性对本阶段的个案研究有着启发性作用，尤其是对于设计者创新设计思维的框架和思维模型的研究是具有重要意义的。故笔者将本个案分成两个阶段，即由设计者独立提出的概念形象设计阶段及由团队共同完成的方案优化设计阶段，如图3-14所示。由于本案的研究目的是对优化创新设计思维的检验，所以，笔者将本个案第一阶段两位初始形象设计者的设计思维是否能够定性为优化创新设计思维及两者的设计思维产生过程的研究作为本阶段研究的重点。

针对第二阶段设计团队的基于问题解决的优化设计思维的研究，则作为一种比较性的研究而进行论述。之所以将团队设计部分作为问题解决式的优化设计，原因有两点：1.在两件

"冰糖葫芦"　　　　　　　　"冰墩墩"

"灯笼"　　　　　　　　　　"雪容融"

形象优化　➡　形象优化　➡　形象确定　➡　动画制作　➡　产品开发

第一阶段　　　　　　　　　第二阶段
设计者独立提出　　　　　由团队完成方案的优化
概念

图 3-14　设计方案形成的两个阶段
资料来源：央视网（2019）

原创形象设计通过第一次设计方案评审后，之后的设计方案的深化和完善受到了众多专家和评审意见的干扰，虽然也有创新实践部分的存在，但很难确定是某一设计者的优化创新设计思维，不适合本文的设计思维方法研究的严谨性要求；2.虽然第二阶段的优化设计特征很明显，但实质上是经验及大众视角下更优的解决方案呈现，并不能更好地为以创新为目的的优化设计提供有效的支持。

3.3.2.2　个案的效度描述

设计学的研究是复杂的，这就要求设计个案的选择与研究的目的是贴切的，且有一定的内容含量，个案的选择也应该具有一定的概括性。个案特征的代表性并不是个案的代表性，从个案问题走向概括的问题，"比较"不再是研究者选择研究对象的尺度和前提，而是一种研究策略（卢晖临、李雪，2007）。通过文献查阅、纪录片分析、观察等方式，笔者对本案效度的分析如表3-2所示。

就本组个案而言，初始设计并不始于产品设计，而形象的创新是第一步，但在形象设计的同时同样涉及对未来产品的实现、优化的思考部分，且本案的一位设计者为产品设计专业人士，所以本案对于研究广义的优化设计思维是具有一定代表性的。另外，近2年已经有很多关于本案设计方面的研究探讨，一些涉及整个案例的过程描述（吴东，2019；新华社，2019），一些涉及吉祥物主题设计方式及维度的研究（陈子瑜、曹雪，2020；刘平云，

表 3-2　本案研究的效度分析

案例的分析	案例的效度描述
代表性	众多专业设计机构、设计师参与设计方案征集,历时84天,从5816件作品中产生,能够代表国际和国内业界公认的专业水平。
全面性	该组个案包含创意阶段及优化阶段的详细记录描述,主设计者分别从事视觉设计及产品设计,后期设计团队跨界组合,文献记录了详细的设计过程,体现了全面性。
完整性	设计过程记录完整,有大量的官方媒体平台报道并记录;具备详细的期刊文献研究;笔者对两位主要设计者进行了独立的访谈和交流。
原创性	在设计深化和优化的过程中,国内专业机构及国际专业机构对设计进行了详细的查重、比对,具备原创性。
专业性	设计出自专业设计师及专业设计团队,从头至尾由百名专家代表组成评审委员会,最后通过不记名投票方式进行初选和复选,确定了最终方案。

注:作者根据文中参阅文献整理绘制

2020),还有对本案形象意义及符号语义方面进行解析的研究(万千个、林存真,2021),同时,本案也入选了2019年度DESIGN POWER 100评选(artpower100,2020),得到了设计业内一定的认可。所以,对于优化设计思维研究而言,虽然本案在形象设计部分的重要性大于产品设计的部分,但由于本案具有明显的创新设计及优化设计特征,且设计概念最终仍需靠产品转化来实现与社会的对接,故笔者将其纳入产品优化设计研究范畴。

3.3.2.3　访谈设计

为了研究两位主创设计者的设计创意思维过程,使设计者能够准确回忆设计概念的形成及方案优化的过程,为本研究提供有效的证据收集,笔者设计并采用了同一套访谈问卷进行比较研究,每位设计者的访谈均为1小时(问卷访谈半小时,自由访谈半小时)。

针对"冰墩墩"设计者刘平云的访谈时间为2021年4月20日,地点为珠海某公寓的室外独立休息区。针对"雪容融"设计者姜宇帆的访谈时间为2021年5月8日,地点为吉林艺术学

图 3-15　笔者对两位设计者的独立访谈
注：笔者拍摄

院产品设计工作室。两次访谈环境均为面对面访谈，无其他人员参与，如图3-15所示。初始问卷为手写选择题，访谈结束后笔者对问卷进行数字化整理，如附录6所示。访谈的音频、文字记录工具与上一个案相同，同为"科大讯飞XF-CY-J10E智能办公本"。

　　通过问卷访谈，笔者试图了解设计者对该设计整体的理解及该设计的性质是否为优化式创新设计，同时笔者试图了解本案优化设计基点的特征，对两位设计者设计思维及方法的运用的研究也同样重要。如附录6所示，笔者按照设计进行的时间顺序列出20项选择题，每5项选择题为一部分，共4个部分：1—5题，笔者试图了解设计者对本设计的认知准备；6—10题，笔者试图了解本设计是否存在明确的优化基点；11—15题，笔者试图了解设计者的思维及方法运用；16—20题，笔者试图了解两位设计者对设计的整体性评价。如遇到与选项有理解偏差的方面，笔者会与设计者进行补充式的交流，最后得出两位设计者的问卷选择数据。笔者将其整理为表格，并对数据进行对比分析，详见附录7所示。

3.3.2.4 问卷数据整理及研究分析

附录7内问卷的结果分析表明：在4个问卷访谈部分，两位设计者的设计认知及设计思维既有相同之处，又有不同之处，这主要是两者的设计经验不同造成的。对结果分析的整体观察可以发现以下研究发现：1.通过1—5题结果分析可以观察到，两位设计者在接到设计任务时对设计结果并不是很清晰，但均认同设计创意受想象力的启发，这个结果与前文笔者描述的创新设计初期无"结果清晰"特征相一致——设计者是靠一定的想象力和创造力来驱动创新生成的；2.通过6—10题的结果分析可以得出，两位设计者均有意地关注或回避历届吉祥物形象，这样，历届吉祥物形象其实在本案已经成为两位设计者将要创新的基点，这与前文优化创新设计存在事实的基点是符合的，也证明了该个案属于优化式创新设计；3.通过11—15题的结果分析可以得出，两位设计者的设计方法有着很大的不同，刘平云的设计思考是通过"思维空间"及"构建关联"形式进行，并主要用草图分析的形式启发设计思维，而姜宇帆的设计思考是通过"文字记录"及"推理关联"形式进行，并通过文字分析的形式启发设计思维，但两者均在头脑中建立起"因果推论"及"可行性假设"，并在很短的时间内受启发并提出创意，这个结果既符合反事实思维的因果分析及假设特征，也符合优化设计创新思维模型；4.通过16—20题的结果分析可以得出，两位设计者均认为自己的概念具备创新性，同时两位设计者觉得，在原始形象确定后进一步针对形象优化的设计中，他们对继续优化的设计参与程度很少。他们认为，后期的优化设计均在问题解决的任务中完成，其中包含多种问题的处理。两个阶段问卷数据的对比分析，再一次验证了笔者前文描述的基于反事实理论的优化设计思维模型的两种优化思维形式。

这里强调，对比上一组假肢设计案例，两组个案研究被定性为优化设计的主要原因是均存在优化的基点和设计思维，并且，在两组个案的第一阶段，优化设计的基点是笔者通过访谈得到的数据分析所观察到的。例如，在个案一中，经过对访谈数据的编码分析，被访者张烨在第一代假肢创意产生时利用的思维启发，包含因果分析、假设与否定、技术引入所导致的设计前提的变化等，这些证据表明了被访者对基点的变革的目标，也验证了基点变革是优化创新设计的基础；在个案二中，笔者利用历届吉祥物的影响程度对两位被访者进行"启发式问题"的提问，通过问卷结果均观测到"目标性问题"，即被访者对历届吉祥物的强烈关注和变革意图。

3.3.2.5　设计者的优化创新设计思维研究

在与冰墩墩的设计者刘平云进行自由访谈的交流中，笔者对刘平云的优化创新设计思维是如何被激发及是否存在假设提前的思维过程进行了目标性的提问，详见附录8。在自由的访谈中，笔者想要研究的问题有三个：1.设计者是否在着手绘制草图时构建了大量的假设分析；2.设计者的设计创新假设是由什么激发的；3.设计者的概念形象创作过程是否符合笔者构建的优化创新设计思维模型。

就在第1个目标问题的访谈中，设计者对其设计方法和经验进行了描述：往往设计者首先构建了大量的想象，然后进一步去确定每一个有可能的假设形象，笔者将这个过程看作"先行假设"的过程。此部分从设计者刘平云提供给笔者的最早期的草图中可以观察到，如图3-16所示。

我们可以从两张右上角标有"2018年10月"且右下角标有3、4顺序的两张草图中确定，这两张为设计者刘平云最早构想冰糖葫芦形象的草图方案。在对两张草图的进一步分析中可以看到，设计者绘制了约10种形象的吉祥物，其中糖葫芦的假设形象变化最为丰富，这和笔者的描述是一致的。在草图3中，设计者刘平云仅仅是在思维中形成了糖葫芦的基本形状，但在草图4中可见糖葫芦的形象延伸和动势的添加，并配有大量文字说明，表明此时设计者已经确定了糖葫芦的形象，并根据进一步的设计经验推理，将糖葫芦形象进行经验内的优化设计，最终在右上角标有"2019.2"的方案修改中确立了糖葫芦最终的形象草图，如图3-17所示。之后设计者便进行了电脑着色及第一次递交方案，如前文图3-14中的第一阶段彩色形象所示。

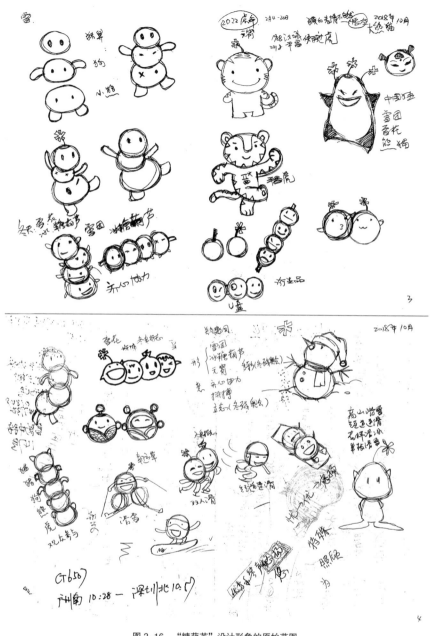

图 3-16 "糖葫芦"设计形象的原始草图
资料来源：设计者刘平云

　　然而，在自由访谈中设计者刘平云谈到，在构建想象空间之前，也考虑到委托项目的先
决条件限制。这个限制在上文的问卷访谈中也已经有所体现，即本次设计的"基点"包含历
届吉祥物形象的整体印象，也包含本次设计委托方冬奥组委的条件限制。刘平云是在满足先
决条件的基础方向上，再进行想象构建的。

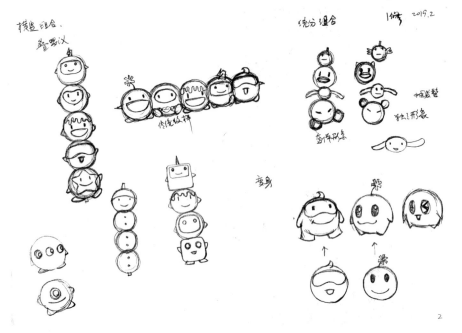

图3-17   "糖葫芦"形象的草图定稿
资料来源：设计者刘平云

　　上文三张草图也反映了设计者刘平云起初所关注的"相关性"和"在地性"，详见附录8访谈下划线文字部分。由此可见，本优化创新设计案例基点的复杂性，在于先行假设后的基点推理。设计者刘平云既考虑了基点的限制，又提出了异于传统吉祥物形象的"食物"形象的设计，以上这些均验证了设计者构建了强烈的创新假设分析。

　　那么，目标问题2中，设计者刘平云肯定地回答了笔者的问题，即设计者童年去北京时对冬季的感受和对糖葫芦的记忆。当然，这种记忆物有很多，例如气候、建筑、服饰、动物等，但刘平云也表达了"肯定不能是天安门"这样的逻辑。那为什么设计者刘平云对冰糖葫芦这个形象记忆犹新并大胆提出假设了呢？笔者认为，这是反事实思维的先行假设的结果，正因为设计者已经在头脑中构建起了"糖葫芦"可行的思维逻辑，包含条件的可行性分析及与基点内容的差异性分析，所以设计者才会在分析搜索时有意地区别设计基点中包含的形象，而并非偶然的或者说是综合判断之外的假设。那么，此目标问题得到的答案不仅证实了优化创新设计思维的发生，也表明了设计者并不是完全靠顿悟和灵感去进行设计的，正如前文笔者所谈到的反省和假说对于创新变革的重要性，而这种反省和假说是在逻辑思维框架上进行的，也是符合反事实目标指向说理论的。

　　综上所述，对设计者刘平云自由访谈的分析得到的研究结果可以概括成：设计者由"基点的分析"到"先行假设"，再到"对基点的否定及推理"，最后实现"形象创新"。那

么，目标问题1和目标问题2的访谈结果可以直接证明，设计者刘平云在冰糖葫芦方案的初期
创意阶段的设计思维，是符合基于反事实理论的优化创新设计思维模型的。

　　在对雪容融的设计者姜宇帆的自由访谈中，笔者提出的问题核心也是要对设计者的创新
设计思维是否符合反事实优化创新模型进行两方面的验证：1.该创意是偶然形成还是设计者
经过对设计基点的先行假设所致；2.设计者是否经历了对基点的否定及推理。

　　首先，设计者姜宇帆向笔者讲述了灯笼形象的创意过程，详见附录9。在设计者姜宇帆
对"灯笼"这个初始方案的设计描述中可见，起初设计者是想将"麋鹿"造型作为设计的切
入点，并构想出吉祥物应该非"物"而是"动物"的逻辑，进而出于设计经验，对麋鹿形象
进行了经验内的优化设计，这点是符合反事实思维"范例说"理论的。但是，出于对基点创
新性的分析和思考，并且经过了先行的假设思维分析，设计者停止了对麋鹿形象的优化，进
而转向对"物"的形象的假设，并且最终选择了"物"，其中包含中国结、饺子、灯笼。设
计者原始草图如图3-18所示。

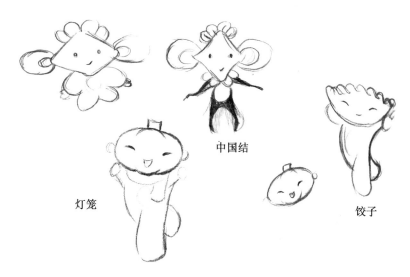

图3-18　"灯笼"的初始形象设计草图
资料来源：设计者姜宇帆

通过设计者的吉祥物原始草图及设计者访谈时的描述可以观察到：设计者并不擅长绘制丰富的、多样的草图，而是将设计思维投入设计命题的筛选中，并且在头脑中使用了排除的方式进行设计思维的构建，详见附录9的设计者口述。基于设计者姜宇帆的设计描述及综合前文问卷访谈结果，这些思考、筛选、命题均可视为设计者姜宇帆先行假设的思维方式，而草图则是设计者复杂思考后的一个呈现，所以，设计者的创意产生并不是偶然的，而是先行假设带动了条件的引入，这就验证了笔者的第1个研究设想；而激发设计者构建出"灯笼"命题的，是设计者对家乡环境和情境的条件引入——引入也是一种假设，进而设计者形成了对设计基点中吉祥物一般都是"动物"的否定，也就是说对"物"的选择及"吉祥物形象中没有出现过灯笼"的逻辑是设计者基于先行假设后的综合判断分析而产生的对原始基点的否定推理依据，这些研究分析验证了笔者提出的第2个研究设想，即设计者出现了否定和推理。这两点分析可以验证，设计者姜宇帆初始"灯笼"形象的设计思维是符合反事实优化创新设计思维模型的。

3.3.2.6　设计团队的优化设计思维研究

前文已述，当本案第一阶段的两个初始方案确定后，便进入第二阶段的方案优化设计环节。这是一个耗时半年且反复修改、商议、评审、展示的过程，此过程包含曹雪教授作为总设计师的广州美术学院设计团队的14名成员和郭春方教授作为总设计师的吉林艺术学院设计团队的16名成员的设计修改工作，如图3-19所示。此外，优化设计工作还包括冬奥组委的负责人及所聘请的专家、学者乃至社会力量共同的设计参与。

在官方的纪录片文献中，广州美术学院设计团队总设计师曹雪教授谈道："虽然我们地处南方，尤其是广东的孩子，几乎没见过冰雪，但在我看来恰恰是因为他们没见过冰雪，对于冰雪的想象力可能会更加丰富一点。"（央视网，2019）所以，广州美术学院团队的第一轮16套方案均体现了南方的设计者对冰雪感受的假设，而"冰糖葫芦"形象作为一种中国北方冬季传统小食的形象代表，被第一轮评审保留下来。又经过广美团

曹雪教授带领的广州美术学院设计团队　　　郭春方教授带领的吉林艺术学院设计团队

图 3-19　吉祥物方案优化设计的两组团队
资料来源：央视网 (2019)

队的两轮方案优化，冰糖葫芦的形象越发生动具体，尤其是"冰壳"的特点。但专家们认为冰糖葫芦的文化特点不能够很好地体现大国的形象，所以在进一步的优化设计中，专家们建议用其他形象做冰壳内部的替换，此时的冰糖葫芦创意仅存"冰壳"。曹雪教授迅速地调整了优化设计思维，将大熊猫形象引入冰壳。他谈道：大熊猫不仅仅是中国人的国宝形象，更重要的是它作为一个形象符号不需要教育别人去理解它，这就是大熊猫形象引入的原因（央视网，2019）。此次优化设计调整赢得了专家们的认可。笔者认为，这次方案的优化思维跳跃很大，经过了设计团队和专家们经验上的综合判断和分析。专家们将其解读为一个大熊猫穿着有能量的、有神奇魔力的冰晶外壳，所以在这次方案的优化中，"冰壳"依然是使人感到最有创新的地方，此次优化也是在"冰壳"基点上的正向优化，是经验内的假想。最后，"冰壳大熊猫"的方案又经历了多次色彩、动作、神态、符号、文化上的不断优化设计，最终通过了国际查重，并被冬奥组委命名为"冰墩墩"。曹雪教授总结道："最终，该方案形象是超越国界的亲善大使，我们是举办国，百姓喜欢，世界也认可。"当谈及设计方案取胜的经验时，曹雪教授仅用了一句话概括："先看想法，再看作品。"笔者将其理解为"创新"先于"优化"，借此也可以表明优化创新设计思维的核心是要以创新为目的，再去寻求问题的解决方案，整个案例也体现了想象力和设计假设对于优化创新的重要性。

在"灯笼"方案第一轮入选之后，郭春方教授带领的吉林艺术学院设计团队进展得很顺利。团队成员林存真博士认为，由于"灯笼"是抽象的、卡通的形象，所以进行优化设计时会相对简单一些。在历经专家和团队的多次综合意见的方案优化设计后，郭春方教授谈道："专家每次提出来的修改意见都是对团队意识上的一个提升，专家的高度和思考启发了设计团队的方案设计。"（央视网，2019）借此可以证明，在第二阶段的优化设计中，设计团队并不局限于两所院校的设计者们，设计专家的参与是引导设计优化走向的重要因素。从基于"范例说"理论下的优化设计思维来看，正是设计方案与设计者经验的偏离导致设计者对方案不断假设、优化、调整，那么，设计者的经验越丰富越能够集思广益，这种基于经验的优化设计解决方案会做得越好。

通过以上两个方案第二阶段优化设计的简述及研究，我们可以得出以下两点结论：1.此阶段设计者优化设计思维的基点是具体化的基点，其中包含"冰壳"和"灯笼"两个基点形象；2.基于问题解决的优化设计是随着设计者的设计经验而不断调整和优化的，其中包含了分析、推理及假设部分，但不包含先行假设及对基点的否定。无论方案如何优化，基点内容并没有改变，条件的变化及偏离设计经验后的状况激发了设计者的优化设计思维。这两点符合前文笔者构建的基于问题解决的优化设计思维模型。

3.3.3　两组个案的比较研究

3.3.3.1　两组个案的阶段性研究

通过前文笔者对两组个案的研究可以得出，两组个案均可以定性为优化式创新设计，并且两组个案都包含两个阶段：在3D打印无源素线假肢个案中，设计者张烨谈到了第一代假肢是基于市场及客户的需求而产生的创新概念，而第二代假肢是针对第一代假肢的问题而进行的优化；在2022年冬奥会及冬残奥会吉祥物设计的个案中，两位主设计者的初始方案是基于优化创新设计思维，以及他们对奥运会历届吉祥物基点的分析、推理产生的。而后续设计团队介入后的方案优化，则是在设计概念"冰糖葫芦""灯笼"的基础上进行的，并且，通过央视官方纪录片文献可知，糖葫芦晶莹剔透的"冰壳"成为再次优化设计的基点，而出于代表性和文化性，团队建议采用大熊猫符号来优化"冰壳"内部形象；另一个案中，灯笼的拟人形象成为优化设计的基点，但设计团队发现形象内涵特征较少、外观也过于简单等问题，于是采用了外形的修改和处理，并加入了雪打灯、天坛、如意纹、和平鸽等丰富形象的设计元素，对原始的灯笼形象进行了优化设计（央视网，2019）。这些均可以看作是设计团队的经验认知和问题解决所驱动的优化改进设计方式。

所以，从阶段性上看，两组个案均包含了两个设计基点及两种优化设计思维的过程。为了更好地区别和比较两组个案的两个阶段的特征，笔者将两组个案按阶段性进行比较和分析，并引入优化设计思维模型对其进行思维解读，如图3-20所示。

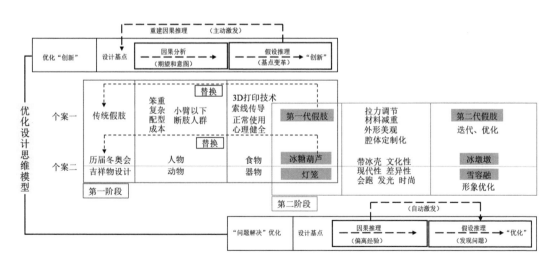

图 3-20 优化设计思维模型下的个案比较分析
图片来源：作者自绘

在个案一的第一阶段，传统假肢的创新需求成为设计者优化创新的基点，并且设计者围绕传统假肢的各种问题及前提条件构建了需求假设，通过分析小臂截肢者的需求，提出了引入3D打印技术及索线传导结构来构建一个全新的产品，产生了第一代假肢设计，最终将传统假肢的基本需求进行了替换；在个案二的第一阶段中，两位设计者将历届冬奥会吉祥物设计作为创新的基点，用"食物"和"器物"的假设，替换了原有吉祥物"人物"和"动物"的形象，产生了创新方案。在两组个案第一阶段的创新设计产生后，在相继的优化设计过程中，以第一阶段的创新结果为基点，设计者及设计团队通过对各种问题的提出和解决，对设计方案进行了再次优化。

通过整个阶段性分析可以看出两种优化设计阶段过程的显著区别，优化创新设计注重的是创新概念的生成及对基点的变革，而问题解决驱动的优化设计注重问题的发现和改进，对设计基点的基本性质并没有改变。两个设计阶段的差异性，恰恰验证了优化设计思维模型中两种思维形式的差别。

3.3.3.2 比较研究的总结

综上所述，笔者引入优化设计思维模型将两组个案的第一阶段及第二阶段进行比较：第一阶段的两组个案都是由创新驱动设计者的设计思维，并在经历因果分析及假设推理后，设计者产生了带有创新性的设计概念，此结果符合反事实理论的"目标指向说"的思维框架，因此，验证了优化设计思维模型的存在；第二个阶段，优化设计的基点十分明确，设计团队们出于设计者的直觉及经验，对基点进行问题的发现、推理，并且假设了更好的解决方式，进而产生了更优的结果，这个过程符合反事实理论的"范例说"，故证明了基于问题解决的优化设计思维模型的存在。两组个案的比较研究，更加充分地说明了笔者构建的基于反事实理论的优化设计思维模型的有效性。

第四章 基于反事实理论的产品优化 创新设计路径与方法

通过上一章基于反事实理论的产品优化设计思维模型的构建和验证，可以明确优化设计思维的两个方向，即以问题解决为驱动的优化设计思维及以创新为驱动的优化创新设计思维，两者拥有不同的思维推理形式和思维模型。而本文的研究重点是针对产品优化创新设计的研究，思维模型的构建仅是产品优化创新设计研究的起点，仅凭借思维模型并不能达到指导产品设计实践的目的，所以，本章笔者将对产品优化创新设计的实现路径及设计方法进行深入地研究。自此进入主体研究的第二阶段。

4.1 产品设计的需求分析

4.1.1 产品设计的创新需求分析

设计者在产品设计过程中往往是以需求为导向的，这种"需求"可能是设计者创新产品的机会，也可能是产品自身属性的确认。海因斯博士曾谈到，对于设计师而言，大多数的产品开发是假设消费者想要什么，设计师会不断面临理解消费者偏好化的挑战（迈克尔·G.卢克斯等，2018）。日本社会学家三浦展在《第四次消费时代》一书中指出，当今社会已经进入第四次消费时代，而当今社会又是由20世纪初的第一次消费社会到当下的第四次消费社会重叠而产生的，每次消费社会都有与其对应的消费观念和消费产品产生（三浦展，2014）。三浦展所探讨的消费社会，包含了社会背景、人口、出生率、老年人比率、价值观、消费取向、消费主题、消费承担者等基本的社会特征，以及自20世纪初至今大众产品需求的集合。所以说，从个人到家庭，从国家到社会，消费需求是宏观的，也是大众在社会构架中需求认同的体现。消费者也许会为设计师提供一些洞察，使得设计师重新思考并改进原来的假设，从而指向一个更有吸引力、更有前途的、获益更大的市场（蒂姆·布朗，2011）。在设计实践活动中，新产品的开发模式大多数是从消费开始的，设计师和消费者之间存在着隐性和显性的关系，而设计师认识这个关系的方式是从对新的产品消费机会的感知上发起的（Ingram et al.，2007）。如果以社会消费为需求，设计过程的模型基本上是线性的，反映了具有目标导向的问题解决过程，当设计师的设计实践转化为产品后，就进入了消费环节，即可以称之为社会消费，由于社会消费（实践）的反馈为设计师提供了新的产品机会（产品需求），进而又使得设计师进入设计实践阶段，如此往复，得出了一个设计实践和设计消费的循环模型（Ingram et al.，2007）。在这里，我们可以看到一个从产品设计的线性模型到循环模型的过程，如图4-1所示。

图4-1 产品设计和消费的线性模型至循环模型
资料来源：Ingram 等（2007，p.3）

对于设计者来说，消费者画像是界定问题的基础，设计者可以根据画像来避开设计的误区，避开自我参照，产品的消费需求或许可以从消费者画像[①]中得到（迈克尔·G.卢克斯等，2018）。消费者画像的重要目的是给设计者和开发者提供了一个可以代表目标用户的形象，设计出以用户为中心的产品（迈克尔·G.卢克斯等，2018）。笔者认为，消费者画像是借用创建画像来创建用户生活具体问题的设计方式，通过对用户生活方式需求维度的探索，从某个意义上讲，是在消费需求中向前迈进了一步。当然，作为设计者，不能仅从消费角度发现产品设计需求，消费群体的认知也不能成为设计者唯一的设计认知启发来源，产品设计总是会对设计者提出某些未明确的需求创新。从产品开发的角度，为了改善创新，产品设计者们首先应该了解改进现有产品和创造全新产品设计之间的差别，颠覆型优化创新设计考虑

---

① 消费者画像是以真实人类的行为和动机为基础的对理想用户或最终原型用户的具象化表现（迈克尔·G.卢克斯等，2018，第25页）。

的即是产品设计团队如何寻找突破性产品需求的能力（迈克尔·G.卢克斯等，2018）。正如笔者前文所引用的由霍夫勒、赫曾斯坦、金兹伯格团队所提出的，"颠覆型创新产品创意的六种方法"往往要求决策者和设计者创造出超越社会消费的产品需求，去探索对未知需求的产品开发（迈克尔·G.卢克斯等，2018）。

　　颠覆型新产品的优化设计是一种激进式创新的产品设计思维，要求设计是新的、独特的以及非连续的（唐纳德·诺曼、罗伯托·韦尔甘蒂，2016）。若从颠覆型产品优化设计的角度看，上文的产品设计和消费的循环模型将被打破，需求仅来自社会消费，这并不准确，因为社会消费带来的新产品机会可能是一种渐进式的产品创新，要求设计师对已有产品进行不断地改进，进而使产品设计进入一个循环模型的状态。而"颠覆型"产品创新或"激进式"产品创新则是突破循环，重构产品需求，甚至前文笔者提到的"革命性"产品创新也蕴含创造与重构产品价值需求的意义，例如苹果公司的创新（乔纳森·卡根、克莱格·佛格尔，2017），如图4-2所示。

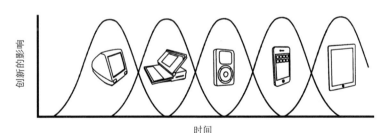

革命性设计：苹果公司的创新

图4-2　革命性设计：苹果公司的创新
资料来源：卡根、佛格尔（2017，第48页）

　　同样将需求当作意义价值的，是IDEO公司。布朗提出："强调人的基本需求，是推动设计思维摆脱现状的动力。"（蒂姆·布朗，2011，第17页）布朗将设计思维看作是一个探索和假设的过程，并将产品设计最初阶段的三个约束设计者的条件定义为可行性、延续性和需求性，而需求性与短暂的渴求并不相同，既不是商业模式也不是技术突破，而是源于设计者对人的"基本需求"和愿望的判断（蒂姆·布朗，2011）。

4.1.2　产品设计的需求模型构建

产品需求既要满足客户的消费需求，又要满足设计者创新的价值需求，可见产品需求是具有双重属性的。荷兰技术哲学研究者Peter Kroes教授将产品作为一种技术制品提出了技术制品的双重性质：一方面，技术制品作为一种物理对象（人造结构），可以用来执行特定的功能，另一方面，它们具有区分于自然物的技术制品的功能，并且该功能仅在有意的人类行为的背景（context①）下才有意义，Kroes将其称为"有意义的物理对象"，并列出了技术制品的三个组成基础——物理结构、功能和人类行为的背景（Kroes，2002），如图4-3（a）所示。

同时，作为技术制品的本质探讨，Kroes对比了西蒙提出的人工制品"内部"环境和"外部"环境②，对"人类行为的背景"进行分析，并在日晷仪的属性分析例子中，将西蒙提出的"阳光充足的气候"环境解释为人类"将事件排序"的意图（Kroes，2002），如图4-3（b）所示，给"人类行为背景"赋予了重要的位置，使物理结构、功能和人类行为背景之间的关联更加清晰。接下来，Kroes又提出，人类行为背景可以包含设计背景（语义）和使用背景（语义），设计师和用户之间功能交流方面的问题即由两者之间缺乏连续性造成的，进而Kroes又提出，设计师的任务是设法穿过从功能描述通向结构描述的"黑匣子"（Kroes，2002），如图4-4所示。

基于Kroes的分析，在设计背景下，设计者在最初对使用者基本需求的判断必然始于对技术制品的"功能描述"，包含三个前提条件：功能、物理结构、行为背景。但当一件技术制品通过设计者的设计实践输出成为一件产品时，即转化成产品的"结构描述"，使用者通

---

① context：1. 围绕一个词或一段话的话语部分，可以阐明其含义；2. 事物存在或发生的相关条件、环境设定。在其最早的用途中（记录在15世纪），指的是上下文，即"语言中单词的编织"的意思。该词是从拉丁语中的词源contexere "编织或连接在一起"的逻辑上发展而来。现在最常指的是某物（无论是文字还是事件）存在的环境或设置。当我们说某物是情境化的时，我们的意思是将其置于适当的环境中，可以适当地考虑它（Webster，2020）。
② 西蒙认为，人工物可以看成"内部"环境（人工物自身的物质和组织）和"外部"环境（人工物的工作环境）的结合点——用如今的术语来说，就叫"界面"。如果内部环境适合于外部环境，或反之，人工物就能有利于实现预期的目的（赫伯特·西蒙，1987，第10页）。

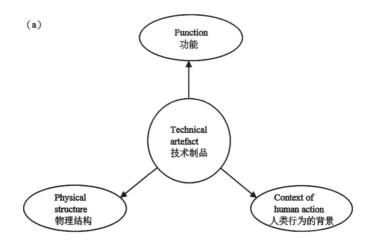

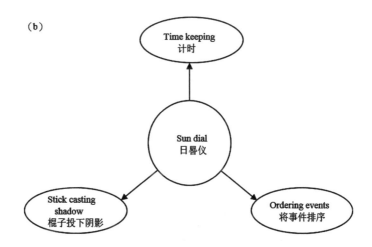

图4-3 （a）人工制品的三个组成部分，（b）日晷仪属性分析

资料来源：Kroes（2002, p.295）

图4-4 功能描述与结构描述之间的"黑匣子"

资料来源：Kroes（2002, p.299）

过结构描述来校对设计者提出的需求判断（设计），往往使用者对产品的反馈决定了设计者如何修改最初对使用者的需求判断，这个过程即图4-1所描绘的从新产品的机会到产品设计的循环模型。

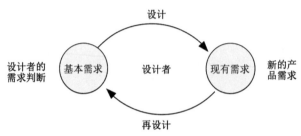

图 4-5　产品设计的需求模型构建
注：作者自绘

通过以上分析，笔者将设计者最初提出的需求判断定义为基本的产品需求，将使用者对产品的新需求定义为现有的产品需求，那么两者之间就形成产品设计的需求模型，如图4-5所示。

在产品设计的需求模型中，产品的基本需求来自设计者对原始需求的创新判断，例如图4-2中提到的苹果公司的革命性创新产品，从iMac开始，然后是iBook、iPod、iPhone，直到今天的iPad（乔纳森·卡根、克莱格·佛格尔，2013/2017），均是源于苹果公司的设计者对使用者基本需求的判断而设计的创新产品。产品的现有需求则是使用者基于产品使用而提出的对产品不断改进、提升的需求，也可以理解为渐进式的产品创新需求，例如笔者前文介绍的iPhone手机从第一代到第十代的迭代设计（刘恒，2019）。通过两种需求定义可见，从设计者的角度，一旦设计者对产品的基本需求判断准确，并通过设计形成了创新型产品，满足了消费者的基本需求渴望，便转化为现有产品的需求，设计者为了维持消费者对现有产品的需求，进而就会努力发现现有产品的问题和不足，对现有产品进行优化设计，这是设计者从基本需求的创新确认到现有需求的改进过程。当然，这种现有需求优化可能来自使用者的反馈，也可能来自设计者的经验，往往在这时，就需要设计者再次在基本需求中寻求创新，实现这个需求循环的螺旋式上升。

4.2 产品优化创新设计的实现路径分析

4.2.1 "由因及果"向"由果及因"的思维路径转化

在上一节关于产品设计的需求模型中我们可以看到，产品创造始于基本需求的创新，但是由于使用者和市场消费的引导，产品的设计便进入了从现有需求到基本需求的修正循环，这个过程引发了设计者凭借设计经验去发现问题并解决问题的思维形式，即笔者在优化设计思维模型中介绍的以"问题解决"为驱动的优化设计思维。这种优化设计思维为设计者提供了一个"由因及果"的设计思维路径，如图4-6所示，基本需求与现有需求之间由问题构成了因果关系。笔者认为，这也可能是导致设计者思维定式产生的主要原因，而产品优化创新设计则要求设计者跳出这种问题解决的思维循环，进而重构一种"由果及因"的思维路径。

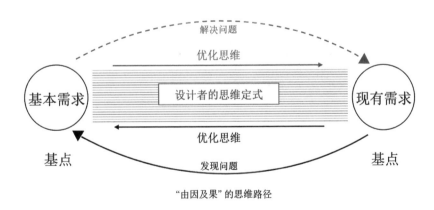

图 4-6 设计者的思维定式分析
注：作者自绘

设计者如何通过"由因及果"的思维路径转向"由果及因"的思维路径？根据上一章的优化创新设计思维模型，如前文图3-5所示，"由果及因"的产品优化创新设计思维路径始于对优化设计需求基点的因果分析，是一个重建因果推理为假设推理的过程。

因此，本文提出两条基于产品设计需求基点分析的产品优化创新设计实现路径，即

以"基本需求"的前提条件为假设的分析路径和以"现有需求"的前提条件为假设的分析
路径。

4.2.2　以产品基本需求的前提条件为假设的实现路径

　　产品优化创新设计的需求基点包含产品的基本需求和现有需求。如上一章所述，基本需
求的提出包含三个前提：功能、物理结构、行为背景。同样的前提也在事理学的研究中被发
现，柳冠中教授提出，设计可以提升到"事"的角度来认识，产品设计可以定义为认识"人
为事物"的方法（柳冠中，2007），如图4-7所示。

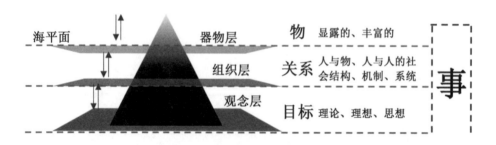

图4-7　人类社会与"事"的结构简易图
资料来源：柳冠中（2007，第31页）

　　从"人为事物"中，我们可以找到产品设计基本需求前提的另一种解释，即
"人""物""事"，可以关联到基本需求方面："人"指的是提出"功能"需求的主体，
"物"指的是实现功能的客体，表现为产品的"物理结构"，"事"则是承载主体和客体的
"行为背景"。对形成三个前提所需条件的假设分析，构成了产品设计基本需求要解决的创
造基础，例如一瓶矿泉水的设计：设计者首先要假设产品能满足人对盛水、储水、便携的基
本"功能"需求，然后是假设塑料瓶体的工艺及材料、造型等物理结构确保了这个功能的
"物理实现"，最后假设在人的"行为活动的背景"下确保了水被人方便、顺利、干净地饮
用。可以说，寻找这三个前提及其之间的联系成为设计者假设分析的起点，当新的前提条件

被设计者假设后，在新的前提条件之间产生的因果推理为产品优化创新设计的假设重建提供了帮助，这也是先假设后因果的推理过程。

　　如图4-8所示，以代步工具类产品设计需求分析为例：在代步产品被设计出来之前，在功能和行为背景的交集层面，设计者首先假设的是人的出行代步、跨国远行、公共交通、临时租用等活动情境的功能实现条件；而在功能和物理结构交集层面，则会假设功能的物理结构的实现条件，例如动能、机械、制造等技术条件；在物理结构和行为活动背景的交集层面，则假设了如天空、陆地、海上、山林、院区等环境实现条件。三个交集中前提条件间的因果推理形成之后，各种代步工具的需求假设被设计者提出，如自行车、摩托车、汽车、火车、轮船、游艇、飞机等，也即满足了使用者对"行"的基本需求。

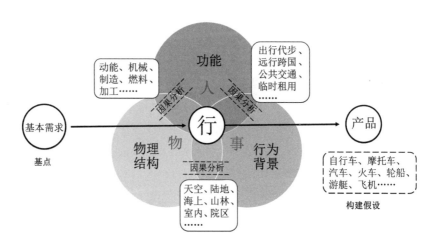

图 4-8　产品设计的基本需求分析路径
注：作者自绘

　　例如：SCORPION滑板电动车的设计，此产品由设计者Samue John Deslandes完成，并获得了2002年的澳大利亚Student Design Award奖项的银奖（中西元男、王超鹰，2005），如图4-9所示。

图 4-9　SCORPION 滑板电动车

资料来源：中西元男与王超鹰（2005，第 91 页）

在此产品基本需求的前提条件方面，我们可以做出前提条件间的三个因果推理：SCORPION滑板电动车的设计者提出了一款在人们日常活动中能够实现滑雪和冲浪感觉的代步工具功能需求；这个功能需求是可以利用电池和充电能源技术并借助控制系统的结构完成，同时新型碳纤维材料为这个功能、结构、造型提供了物理实现；最重要的是，这个"物理结构体"在人们的公路代步或街头巷尾的日常代步、休闲、运动等活动语境下被使用，合理地融入了功能实现的背景。最终，这个需求假设以滑板电动车的产品形式呈现，此产品得到了很高的创新评价（中西元男、王超鹰，2005）。从笔者的分析可见，设计者在每个前提条件的表达中，都有与其他两个条件相互作用的因果关系存在，并且能够被合理地解释。

前文已述，优化创新设计强调的是"新中生优"，而不是创造某种全新事物。笔者认为，"新"指的是设计者在基本需求背景下的"新条件"的发现。在这个设计案例中，设计者只需以代步工具这一基本需求的前提为创新基点，对新需求的前提条件进行重构，提出新的设计概念，而不用重新思考出行的原始需求，这是优化创新设计区别发明创造的地方。所以，以产品基本需求的前提条件为假设的实现路径，能够使设计者提出创新的产品概念，跳出思维定式。但事实上，根据前文经济学、创造学的观点，是否判断为创新产品，仍是需要市场和社会检验的。对于突破创新，未来的产品创意需要我们摆脱由生产导向控制的传统方式束缚，进而确立以实际生活的需求作为产品创新的有效理念（中西元男、王超鹰，2005）。下文的案例即是一个得到社会市场认可的产品优化创新案例。

I.V. House公司的产品即是以产品基本需求概念提出产品创新的典范，此公司成立于1991年，他们设计的静脉注射保护家用产品应用于世界各地的医院，为全球领先的医院带来了创新。"I.V. House静脉注射保护罩"是由Metaphase Design Group团队2002年设计的，首要目的是实现医疗用品家用化的理念，实际上此产品同样提高了患者的安全并提高了护士的效率（I.V. House，2021）。

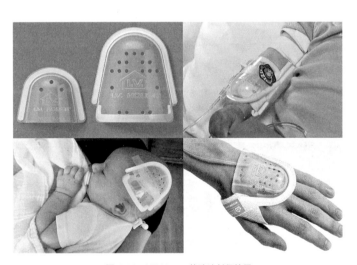

图 4-10　I.V. House 静脉注射保护罩
资料来源：I.V. House（2020）

如图4-10所示，在此产品被设计出来之前，静脉注射插入处的防护是一个基本需求，患者由于身体活动或意外而触碰到静脉注射插入处，会引起针头的位移或者皮肤的感染，但同时由于患者在医院进行治疗时医生基本能够凭经验应付此类问题，所以人们时常忽略这个基本需求的存在。I.V. House静脉注射保护罩的设计者观察到了这个基本需求，假设了这个状况在家中发生的情境：患者在家中治疗时，由于注射过程缺乏专业医生的看护，原有功能需求被放大，进而通过实现这个产品的物理结构设计，包含拱形的塑料壳体及安全的织物保护，完成了静脉注射插入处的可观测、通风、安全防护的功能需求（I.V. House，2021）。可以看出，设计者完成了产品基本需求的优化创新假设，使功能、物理结构、行为背景三个前提条件得到了很好的因果关联，并得到了创新度的认可。

4.2.3 以产品现有需求的前提条件为假设的实现路径

在上一节，笔者分析了产品基本需求的前提条件，当使用者的基本需求被设计者确认，经过设计实践转变为产品后，即从设计者的功能描述转为结构描述阶段。虽然设计者在设计背景（语境）下构建了产品结构描述的关系，但使用者仅能在使用背景（语境）下对设计者的结构描述进行判断，这之间的偏差即是Kroes所指的设计者和使用者之间的功能交流问题（Kroes，2002）。所以，即便设计者在构建产品基本需求假设时考虑到了使用者的使用背景（语境），但实际上使用者并不一定能够完全理解。虽然设计者通过消费调研、产品满意度反馈、产品测评等手段可以得到一些使用背景方面的需求数据，但基于这些调研结果而进行

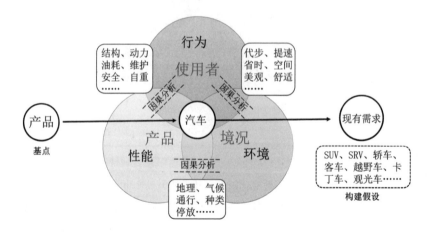

图4-11　产品设计的现有需求分析路径
注：作者自绘

的优化设计又可能导致设计者陷入"由因及果"的思维定式。那么，笔者认为，设计者如果借助"由果及因"的思维路径，进入对使用者现有需求的前提条件分析，便能够增加提出产品优化创新的可能性。若要构建现有需求分析，设计者就要以现有的产品需求前提为优化创新的基点，再通过前提条件的因果分析进而提出设计假设。

前文笔者谈到基本需求的三个前提，即功能、物理结构、行为背景，并借用"事理学"构建的"人""物""事"分析了基本前提间的三个因果关系。那么，当产品的基本需求转变为现有需求时，就要从现有产品的前提条件分析入手。当一件产品呈现在大众面前，构成基本需求的前提则由使用者的"行为"活动、产品的"性能"、使用境况所适合的"环境"组成。例如汽车类产品的设计：使用者乘车的行为与使用者所乘车境况面临的环境之间，构成了汽车的代步、提速、节省时间、空间大小、美观、舒适等前提条件；使用者的乘车行为与汽车产品的性能之间，构成了汽车的结构、动力、油耗、维护、安全、汽车自重等前提条件；汽车产品的性能与其所处境况的环境之间，构成了地理、气候、通行、种类、停放等前提条件。这样，设计者可以提出类似SUV、SRV、轿车、客车、越野车、观光车等汽车产品类的设计假设，如图4-11所示。

综上所述，基于产品现有需求的前提条件假设是设计者实现"由果及因"的优化创新设计的另一条可行性路径。

"印度豹Xtreme跑步用假肢"是由冰岛奥索公司设计的运动型假肢，它是在医学工程师凡·菲利普斯1984年发明的"Flex-Foot"假肢基础上优化设计的。该产品首先被女运动员Aimee应用在1996年亚特兰大残奥会上，并取得了金牌，如图4-12（c）左所示。后被南非男运动员Oscar Pistorius应用在2004年雅典残奥会、2008年北京残奥会上，取得了多枚金牌。2012年Oscar Pistorius又参加了伦敦奥运会，成为奥运会历史上第一位双腿截肢的运动员，被誉为"刀锋战士"，如图4-12（c）右所示。如图4-12（a）、（b）所示，"印度豹Xtreme跑步用假肢"轻便又有弹性，是由50—80层具有记忆功能的碳纤维复合材料制成，不到2公斤，着地面积非常小，专门为小腿截肢的运动员设计，J字形的特征下部分的弯曲处能够模

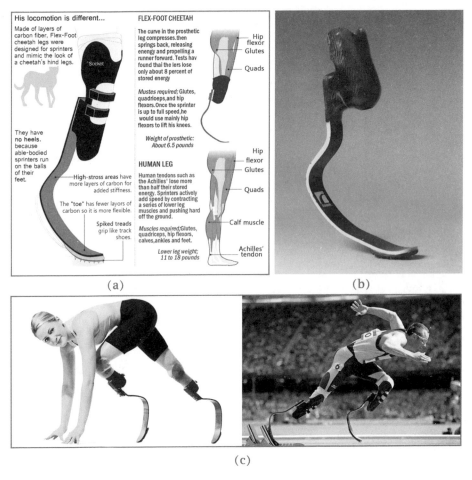

图 4-12 印度豹 Xtreme 跑步用假肢

资料来源：a. 网易体育（2013）；b. 活动行（2019）；c. 搜狐·Fit 健身（2017）

仿健全运动员踝关节的反应动作，当运动员施力时，便会蓄能并产生能量返还，增加反推动力［奥索假肢矫形康复器材（上海）有限公司，2012；网易体育，2013；搜狐·Fit健身，2017；活动行，2019］。

"印度豹Xtreme跑步用假肢"的设计与上一章笔者介绍的"3D打印无源索线假肢"的设计均属于基于现有需求的创新设计，但两者并不完全相同，前者的创新价值体现在人类活动背景的意义构建上，而后者的核心目的是完善了功能的创新。何晓佑（2012）指出，人类的体力是有限的，工具是我们肢体的延伸，放大了人类的体力，人类的发展过程就是在不断创造人类体外的工具，进而取代人类自身器官能力的过程。作为解决人类肢体残障问题的假肢产品，其本质功能上是人类肢体的替代和延伸，但我们从"印度豹Xtreme跑步用假肢"产品的功能中看到了人类精神层面的延伸。此产品使残障人士拥有了和正常人一样的竞赛条件

图 4-13　Outdoor rotting 椅

资料来源：Heatherwick Studio（2020）

和境况，在精神层面上的功能延伸正是对使用者活动背景语义的创新追求。此产品的优化创新体现了产品设计人文精神大于自身功能属性的一面，反映了物的文化与人的文化相结合的创造性。

对于设计者而言，家具产品的创新是有一定挑战性的，由于家具产品的现有需求一直存在，并且功能上与人们日常行为活动联系紧密，设计者时常在满足基本人体工学的前提下，尝试着在形式和风格的设计语境中寻求与使用者的交流，但Outdoor rotting椅是个例外，如图4-13所示。

由英国设计师Thomas Heatherwick设计的"Outdoor rotting椅"突破了椅子"坐"和"稳"的现有行为需求前提条件，探索"平衡""旋转"带来的娱乐性，实现了行为方式与产品性能互动的前提条件假设。该产品又通过金属纺织技术[①]，满足了户外环境使用的设想，在结构上和美学上与室外的语境寻求了统一，最终实现了娱乐性和最优平衡之间的家具现有需求的创新（Hudson，2013）。

如图4-14所示，来自英国dyson公司的两款产品——（a）Bladeless desk fan（无叶台扇）和（b）Bladeless fan heater（无叶风扇加热器），均是基于高速风力机原理的优化创新型产品。早先，设计者James Dyson发现家用风扇在被发明后的100多年里并没有什么变化，而在性能上，风扇产生了大量的噪声，并且扇叶上积聚的灰尘很难清理，同时在生活中，总是会发生孩子们的手指伸到扇叶里的意外。

因此在2010年，dyson公司设计了AM01型无叶台扇，可以通过高速风力机技术产生快速

[①] 首先将金属薄板固定在旋转芯轴上，然后将其拉伸至成型，以这种形式来制造管状零件的工艺（Hudson，2013）。

（a）   （b）

图 4-14　Bladeless desk fan & Bladeless fan heater

资料来源：dyson（2020）

的空气流动来冷却房间，避免了孩子受到伤害，并且减少了震动的噪声（Hudson，2013）。后来，James Dyson又发现传统的室内电加热器在工作时，微弱的鼓风机只会使室内局部受热，发热部分还容易造成使用者被烫伤，并且会产生燃烧灰尘的干燥气味，于是在2011年dyson公司采用相同的空气推进技术，设计了AM04型Bladeless fan heater（无叶风扇加热器）。此产品的优点是多方面的，能够实现整个室内的空气加热，不通过热电线圈即不再有刺鼻的气味，而且不可能造成皮肤烫伤，还达到了静音的效果（Hudson，2013）。

通过以上介绍可以看出，两款产品的设计均建立在现有风扇或现有电加热器产品的性能基础之上，是通过设计者对产品的现有需求境况和人们的生活行为活动分析所提出来的。在两个案例中，高速风力机带来的空气推进技术成了产品性能变革的先决条件，进而带来了产品物理性能方面的提升。但是，设计者对生活环境的观察也是必要的，当行为需求和使用环境及产品的技术性能达到统一时，基于现有需求的产品优化创新就能够得以被提出并有效实现。James Dyson一直致力于如何发现家用产品改进创新的研究，甚至他的产品创新已经成为改造日常事物的同义词（Hudson，2013）。

4.3 产品优化创新设计方法的构建

4.3.1 产品优化创新设计前提条件的因果分析

上一节，笔者提出两条基于产品设计需求前提条件假设的产品优化创新设计实现路径，并通过多个产品优化创新案例，分析了以产品基本需求和现有需求为基点的产品设计前提条件之间的因果关系。通过分析可以说明，基本需求和现有需求作为优化创新设计的两个基点，均来自不同的前提条件约束：在构成产品基本需求的人、物、事中产生了功能、物理结构、行为背景三个前提，并且三个前提条件的相互因果关系构成了基本需求的逻辑；在构成产品现有需求的使用者、产品、境况中产生了行为、性能、环境的三个前提，并且三个前提条件间的相互因果关系同样构成了现有需求的逻辑，如图4-8、图4-11所示。

根据优化创新设计思维模型以及上一节的内容，产品的原始需求构成了产品的基本需求，而现有产品构成了产品的现有需求，那么，作为设计者，对产品的基本需求及现有需求的前提条件分析是构建优化创新设计的第一步，如图4-15所示。

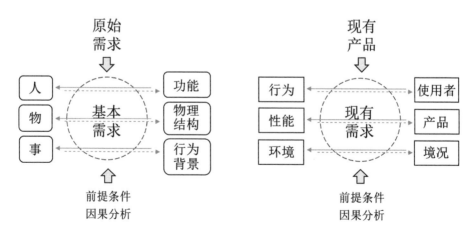

图 4-15 前提条件的因果分析示意图
注：作者自绘

4.3.1.1 基本需求前提条件的因果分析

在基本需求中，设计者的发现来自对原始需求的定义。如前文笔者所述，为了满足人们"出行"的原始需求，设计者才会产生对"代步"这个基本需求的假设，设计者思维中首先会构成对"代步类"产品的因果分析。在人们的活动中，类似"代步"的分类还有很多，例如"餐具类""厨具类""卫浴类""户外类""学习类""医疗器械类""五金工具类"等，关于类别的定义也体现了人类的生产生活中面临的基本需求，也即形成了基本需求的行为背景和语境。类别中隐含了基本事件的行为背景，由于"类别"是由各种人类活动的事件构成的，"事"中就包含人和物，"事"也是连接人和物的行为背景，没有事件的框架，设计者很难提出人的行为及物的物理结构的改进。设计是人类发现"事"、创造"事"的一门学问，而非仅仅是造物和组织（柳冠中，2007）。例如在上一节笔者对"I.V. House静脉注射保护罩"的案例分析中，设计者关注的是医疗类的产品，并且正是由于设计者发现了医疗过程中的一件前提事件的综合问题，所以引起设计者对"家中医疗"这件事的需求假设。

在事件的构成中，我们可以看到人和功能是对应的因果关系，由于人的行为、活动需求可以产生很多功能的发现，但首先要对人进行详细的分类，包含年龄分类、性别分类、群体分类，或者是按照习惯分类、消费能力分类、工作属性分类等。不同类别的群体在不同类型的事件中有着不同的因果关系，设计者定义了人的类别即对行为功能提出了约束。通过人的分类，可以构建更多事件的因果分析。例如在上一节"SCORPION滑板电动车"的案例中，由于设计者发现了年轻人的休闲运动需要革新，而滑雪和冲浪的运动形式又符合年轻人的诉求，所以从"年轻人"到"滑雪和冲浪"之间产生了功能的诉求。我们可以看到，这一功能提出是合理的，又是新颖的，所以，人的功能诉求是一个基本前提条件方向。

构成事件的物理条件，也即物的结构，是衔接人的功能诉求及环境需求的重要因素。原始技术人工物的创新是推动人类行为活动进步及构建基本需求提升的途径，是解决基本事件与问题的基础。所以，设计者应该具备对物理结构的了解和发现，例如对专利、发明的利用，对新能源和新材料的引入，对信息和科技的关注等。

总之，产品优化创新设计的基本需求始于事件的变革和构建，但在提出设计基本需求前，引发设计者对原始需求前提条件分析的先后顺序并不一定是固定的，这与设计者的因果推理方式及设计者对前提条件的观察和理解密切相关。如前文所述，设计者的直觉和反省均决定着优化创新设计的提出，先验性的设计感觉力也是不可缺少的。但无论如何，构成基本需求因果分析的前提条件是需要具有逻辑性和完整性的。

由于对基本需求的优化创新设计要求设计者的启发不源于某件具体产品，所以设计者对基本需求之类别的专注研究是至关重要的。专注于某项产品类别的研究会引发问题的深度分析和思考，进而带来解决此类问题的可能性假设。哈佛大学心理学家艾伦·格朗的"可能性心理学"研究提出，专注力更像是一种思维方式，是培养问题的怀疑和追问的重要方式，是去除思维定式的重要手段（搜狐网·爱老人吧，2018）。

4.3.1.2　现有需求前提条件的因果分析

在产品现有需求中，由于现有需求是根据现有产品而提出的，所以设计者能够直接从现有产品中建立关于使用者和使用境况的分析，而在产品的技术与产品性能之间则构成了现有需求的关键性发现条件，甚至有可能成为引导现有产品创新的前提条件。

在dyson的产品案例中，从前提条件的关键性上看，是高速风力机技术引发了电风扇的创新，同样的技术条件创新也在Outdoor rotting椅和Xtreme跑步用假肢案例中出现。由于现有产品的物化存在，产品技术性能的提升被设计者直接观察到，继而分析原有技术条件，利用现有技术条件，以推动产品创新设计的提出，这是优化创新设计的有效手段。

在技术条件革新的基础上，使用者和使用行为之间构成的因果关系决定了产品的功能、造型、审美、感受等方面的新产品前提条件的产生。例如在前文"Outdoor rotting椅"的设计中，设计者的功能发现始于对人们"坐"的行为以及"坐"的"稳定性"感受之间的因果分析，进而产生了对使用者使用行为不变性的质疑，提出了产品"娱乐性""平衡感"的功能前提条件假设。

产品所处的环境与产品的使用境况间，也构成了因果关系。在"印度豹Xtreme跑步用假肢"案例中，设计者切换了产品的使用境况，将断肢者日常使用状况下的产品应用于竞技赛场的境况下，假设了推进产品技术改进及使用创新的环境背景前提条件的形成。另一案例中，James Dyson通过对传统风扇及传统加热器的使用境况问题观察，引发了对使用者和产品性能间新关系的假设推理，同时产生了对产品使用境况的变革，导致了产品创新。

总之，我们能够看到，使用者和产品及境况作为现有需求的三个前提是可以在现有产品中分析得到的。设计者构建前提条件的分析会始于技术性能的发现，改善产品功能、提升产品性能是产品优化创新设计的实现条件基础，而使用者的行为及境况的条件变革则成为构建技术性能实现的目标和目的。

所以说，产品现有需求前提条件的因果分析，与产品基本需求前提条件的因果分析有着不同的分析内容和形式：前者是明显的，技术条件驱动形成的，而后者是隐含的，由事件驱动形成的。但无论是现有需求还是基本需求，前提条件的因果分析都是产品优化创新设计方法的第一个步骤，能够为新的前提条件因果关系假设的形成做好铺垫。那么，在前提条件因果分析之后，设计者即可进行下一步——产品优化创新设计思维假设空间的构建。

4.3.2 产品优化创新设计思维假设空间的构建

设计者关于设计问题和创意的思考，往往被设计研究者认为是一种设计思维空间内的问题搜索过程（蒂姆·布朗，2011；奈杰尔·克罗斯，2013；Yilmaz et al.，2010）。从另一个角度来说，也是设计者创意策略的生成过程。在《设计师式认知》一书中，克罗斯通过一个口语分析研究和两个案例回顾研究，对三位顶级设计师进行了创新设计思维过程的分析，并总结出三位设计师的创造策略通用模型，试图以一个全面的视角来理解设计中的创造性思维（奈杰尔·克罗斯，2013），这表明了设计者设计思维的分析策略是可以呈现的。

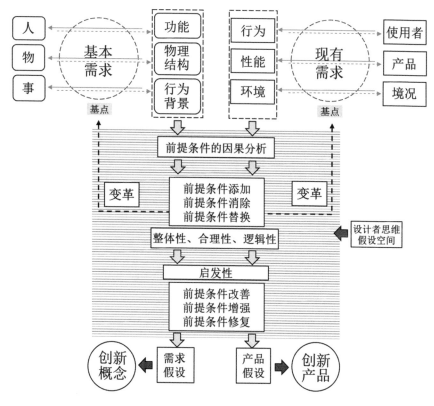

图 4-16　产品优化创新设计思维方法的分析策略
注：作者自绘

　　如前文所述，从基点前提条件的因果分析到产品优化创新设计的提出，设计者所生成的创意策略过程是包含两个实现路径的，这就造成了策略的双向性和复杂性。基于反事实理论和优化创新设计思维模型，笔者试图通过构建分析策略的形式来描述这个过程的全貌，如图4-16所示。在设计方法的构建方面，设计者通过设计基点前提条件的因果分析，进入了前提条件搜索的思维空间。设计者的前提条件搜索过程指的是通过因果分析的结果产生可以进行新前提条件假设的过程，如上一章研究所述，是一种先行假设的过程，所以，本文也称这个思维空间为"设计者思维假设空间"。

　　在"产品优化创新设计思维方法的分析策略"图中还可以看到，设计者构建起思维假设空间后，设计者可以通过前提条件的添加、前提条件的消除、前提条件的替换及前提条件的改善、前提条件的增强、前提条件的修复六种假设方法来对设计基点进行变革，最终设计者通过对新的前提条件的整体性、合理性、逻辑性的综合分析推理，提出产品的创新概念或创新型产品。

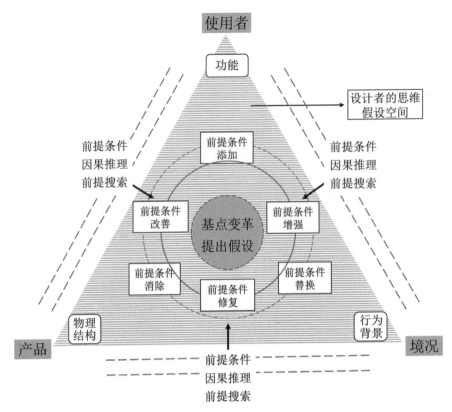

图 4-17 产品优化创新设计思维假设空间模型

注：作者自绘

由以上的分析可知，设计者的思维假设空间是产品优化创新设计的方法核心，在整体的策略构建中，此阶段可以单独作为设计者进行产品优化创新设计的思维假设空间模型，如图4-17所示。

通过产品优化创新设计思维假设空间模型的构建，设计者可以将实际的设计分析带入模型，进行三个前提条件的因果推理，搜索出可变的前提条件，对产品的设计基点（即基本需求或现有需求）进行前提条件的添加、消除、替换及改善、增强、修复，对基点的原前提条件进行变革假设，最终提出产品优化创新设计。

4.3.3　产品优化创新设计前提条件的假设方法

4.3.3.1　前提条件添加的假设方法

假如我们受困于前提，那么我们可以通过不断进行构思来颠覆这一前提，"颠覆前提"

图 4-18 LISSAGE 喷雾器设计
资料来源：佐藤可士和、斋藤孝（2015，第 30 页）

就需要诸多的视点，包含视点的转换（佐藤可士和、斋藤孝，2015）。

如图4-18所示，著名日本设计师佐藤可士和在化妆品LISSAGE的喷雾器设计中，将"扳机式造型"应用在喷雾器设计上，并解释该创意来自"客户每天都要使用喷雾器"的前提启发，扳机式会体现"便于使用，更有功能性"的特点（佐藤可士和、斋藤孝，2015）。此产品受到了市场的好评，是佐藤可士和于2005年担任LISSAGE创意总监后设计的第一款创新型产品包装。心理学家斋藤孝对这个案例的分析呈现了佐藤可士和的设计思维过程：首先佐藤可士和对化妆品包装中没有此设计这个前提产生了怀疑，然后他构建了"虽然现在没有，但是有了不是更好？"或者"虽然现在有，但是去掉不是更好？"的假设，这样的设计思维分析得到了设计者的认可（佐藤可士和、斋藤孝，2015）。

这个产品设计案例，明显属于对产品现有需求的优化创新。在设计中，设计者构建了女性（使用者）、喷雾器（产品）和每天都要使用的情景（境况）这三个前提。在此基础上，设计者在产品和使用者之间添加了一个"扳机式造型的把手"形象暗示，使得使用者能够在每次使用喷雾器的行为中都很敏感地体会到把手的"新性能"，而对于产品的使用境况来说，"新性能"产生了化妆时的语义暗示，即"每一次扣动把手，即如每一次扣动扳机"，放大扣动把手的这一行为语义，从而强化了化妆品性能传达的有效性。我们从设计者的语言

图 4-19　Dual-purpose bike seat
资料来源：ifworlddesignguide（2021）

描述中观察到，设计者在前提条件分析后，添加了一个新条件，使得化妆这件事有了更多的逻辑和语义，造成了对化妆喷雾器传统外观语义的颠覆。虽然这种通过放大语义的方法并没有真正地技术创新，但设计者很好地传达了产品的内部性能。笔者认为，这是一个很好的使用了前提条件添加的假设方法案例。

　　如图4-19所示，由瑞典Påhoj AB公司设计并制造的Dual-purpose bike seat（自行车座椅和婴儿车两用）产品是更健康更灵活的生活方式的创新设计。该设计能够让父母和孩子一起骑车或步行，同时凭借良好的材料和结构获得了2021年IF设计大奖。评委们认为，该产品是变革环境和社会的工具，是具备高度创新的产品（ifworlddesignguide，2021）。笔者分析，这款设计属于对现有需求的创新。首先，无论从婴儿车还是从自行车座椅来看，此设计都可以看作是功能条件的添加，甚至可以称之为双向条件的添加，进而重新构建了一个新的需求假设逻辑，这是本设计的特殊之处。其次，设计者通过良好的产品结构和材料重塑了实现这种两用方式切换的产品性能需求，最重要的是使产品的使用境况发生了改变，产生了两种使用境况，并将两种使用境况带入生活，提出了家庭出行生活方式的新语境。从方法上看，设计者添加了新的使用方式这项前提条件，假设了产品的功能需求，并通过产品结构、性能的改善，实现了生活境况的改变，完成了对传统单一出行产品的优化创新设计。

4.3.3.2 前提条件消除的假设方法

在产品优化创新设计中，反映前提条件消除的设计往往被理解为设计的减法，但其实不然。"减法设计"主要表现在功能形式上完成了简化处理，但并没有变革产品需求的前提条件。反之，无印良品公司（MUJI）的这四款产品设计做到了产品需求的变革，如图4-20所示。无印良品以"好感生活"为概念设计出四款可以左右手通用的产品：（a）两边都具备取芽器的削皮器；（b）双面都有按扣的伞；（c）全对称的美工刀；（d）两面都有刻度的尺（搜狐LOGO大师，2021）。不言而喻，四款产品的设计名称描述即可使人了解其设计意图。

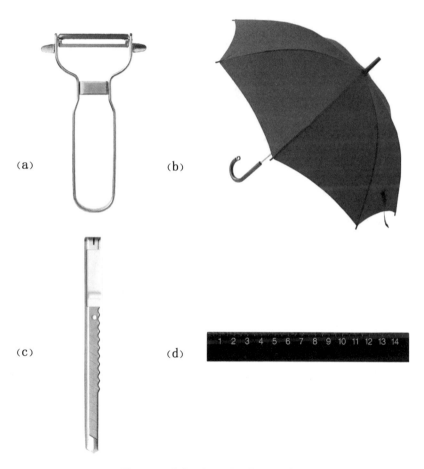

图 4-20　无印良品（MUJI）品牌的四款产品
资料来源：LOGO 大师（2021）

四款产品的优化设计原型都是满足人类日常生活的固定型产品，并已经存在于市场上数十年，但就原型产品的基本需求方面，均考虑的是右手习惯的人群，在设计前提条件上预设了隐藏的功能限定。无印良品对生活用品基本需求的分析是深刻的：多数人都先天且习惯了用右手去操作产品，这与书写方式、阅读方式等都有一定的关系，所以在大多数的设计中，右手操作似乎已经形成了一个固定的设计前提条件，也可以理解为关于使用者习惯的前提条件，但这个条件恰恰是限制左手习惯的用户使用产品的最大问题。所以，无印良品很敏锐地捕捉到了这个设计中的思维定式问题，提出了优化创新设计假设，即如果假设将仅限"右手使用"这个前提条件消除，是否会使产品因提升通用性而产生创新。所以，设计者将产品结构进行了微小的改变，消除了前提条件限制，提升了产品性能通用的可能性，解释了左、右手习惯的两类人群的使用境况，使产品巧妙地实现了优化创新。

AMADÉ-Mirror Glass Sauna（花园桑拿浴室）作为小型木质建筑类家居产品，是由奥地利的BETA Wellness公司设计并制造的，并获得了2021年红点产品设计大奖，如图4-21所示。整个桑拿浴室采用全镜面外表，热抛光镜面玻璃技术的应用既保护了使用者的隐私，又能让使用者在桑拿活动时看到外面的自然环境，室内材料同样追求自然，并且配备了先进的HARVIA 桑拿加热器和 LED 多功能去雾灯，即使在冬天的环境下也能给人带来回归自然的享受（红点设计博物馆，2021a）。

笔者认为，作为一件建筑类家居产品，其初始的前提条件是空间界限及封闭的建筑环境，这些条件在设计者的思维中已经留下深刻的建筑符号，即"隐私的空间"。但这种隐私的空间从另一个角度来看是来自以往建筑技术和建筑材料的限制。例如，我们谈到洗浴、桑拿，便想到私密的小空间或封闭的居所，人们的生活方式受限于技术和认知，这也正是这类建筑产品的前提条件难以改变的原因，很难做到对前提条件的突破，使设计师形成了思维定式。但该设计团队通过新材料和新技术的应用，将建筑结构进行了简化处理，不仅在外形设计上消除了建筑语言，通过反射材料使其融入了自然环境，给人一种融入自然的亲和力的假想，而且，令使用者在室内也能观测、感受到自然，消除了传统的"隐私感"，同时消除了

图 4-21 AMADÉ-Mirror Glass Sauna
资料来源：红点设计博物馆（2021a）

空间的局限。通过对"隐私空间"前提条件的消除假设，形成了"透明的自然空间"的新假设，进而实现了建筑产品的创新。该设计变革了建筑的"空间界限功能"，将自然境况与使用者洗浴的行为活动做到了新的因果关联，改变了使用者的使用体验，实现了使用功能和技术性能以及环境体验的统一。在方法层面，笔者认为该设计很好地应用了产品前提条件消除的假设方法，使桑拿房的产品体验实现了创新。

4.3.3.3 前提条件替换的假设方法

在2019红点设计概念大奖的获奖作品中，Doggy Leg假肢的设计体现了基于产品基本需求路径的前提条件替换的假设方法，如图4-22所示。在假肢类产品的设计中，设计者的设计一直以服务残障人群为目的，所以，在设计者的设计思维中，假肢的复杂程度及其承担的使用功能仅限于针对人类的肢体疾患。这个出发点呈现了以往假肢设计师的思维定式，也是假肢物理功能设计的基点所在，同时也可以视为假肢使用的原始前提。但此设计的设计者首先是将"假肢类"产品服务于"人"的基本前提条件进行了假设和替换，并且假肢的物理功能并没有改变，也即基点没有改变，在物理功能的基点之上，将产品所服务的对象及使用的境况进行了假设重构，即断肢动物生存境况的基本需求前提条件。设计者通过一个核心设

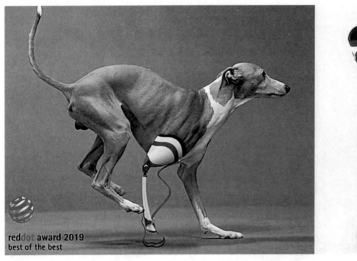

图 4-22 Doggy Leg 假肢
资料来源：红点设计博物馆（2021b）

计——连接大腿和小腿的特殊弹性板，进而增加了动物肢体的灵活性，假设了模拟和替代动物肌肉的新物理结构，并最终使产品能够满足残障犬类动物在移动中保证持续运动的活动情境（红点设计博物馆，2021b）。

从设计方法上观察，设计者通过对原始假肢类产品的需求分析、搜索并发现了一个新的功能前提条件，进而引发了其他两个前提条件的替换，假设了新的基本需求。这个新的需求提出符合人们对残障动物关爱的逻辑，整体设计前提条件的替换是完整的，在物理结构和功能及行为背景上也是可实现的，最终形成了优化创新设计概念。

如图4-23所示，"如影智能星厨"是北京如影智能科技有限公司研发设计的概念型产品，该设计获得了2021年德国IF设计金奖、2021年红点设计大奖。该设计的特点是，利用当下最前沿的自主研发的人工智能技术及机器臂技术替换了传统家庭烹饪基本需求的行为功能条件。针对生活领域的场景快速适配和产品迅速落地，构建了智能烹饪的新需求，并通过路径规划算法，完成了一系列厨房场景的自主运行，通过app点餐设计，实现了半成品冷链配送的新购物模式，进而扩展实现了整体烹饪环境流程的规划，给用户带来更美好的生活体验（如影智能科技，2021）。

笔者认为，设计者针对原始烹饪类产品的基本需求做出了足够的因果分析：原始烹饪行为是由人的烹饪意识和操作活动组成的，一切烹饪的境况和前提条件都要满足人的使用基本需求，其中包含购买食材、加工处理、烹饪器具、烹饪经验等，可以统一认定为"烹饪"这件事必须具备的前提条件，这些前提条件自有了烹饪活动开始便与人类的行为息息

图 4-23　如影智能星厨
资料来源：如影智能科技（2021）

相关。以往的设计者并没有考虑或假想这一系列条件能够在科技的发展和技术的提升下实现替代。"如影智能星厨"产品的设计者在基本烹饪需求中探寻可以改变物理结构的前提条件，实现了对"人的行为活动"前提条件的创新假设与替换。当然，被假设替换后的前提条件并不是不需要了，反而是更加智能化、技术化、复杂化和系统化。这种新的条件假设，源于该设计服务并不是单一的产品形式，其中包含烹饪的流程、场景、认知、技术等服务的设计。这一大胆的假设替换，使我们看到了该设计针对"烹饪"这一基本需求的颠覆性创新。

在具体设计方法上，首先，该设计将人们在厨房进行烹饪活动的前提进行了假设替换，提出了无人化烹饪功能需求前提，并利用前沿技术，使厨房系统的物理结构前提条件实现了创新变革，满足了新烹饪环境构建的要求。其次，提出整体烹饪流程的替换假设，改变了烹饪所需的外部环境和内部环境，实现了产品功能、结构与烹饪无人化语境前提条件的统一，构建了全智能无人化烹饪的需求模式。

4.3.3.4　前提条件改善的假设方法

由于设计者做产品设计时不一定能够直接寻找到准确的前提条件启发，启发设计者进行创新假设的往往是设计者的直觉和反省，那么这种直觉和反省实际上是出于设计者的优化创新目的和综合判断分析，即通过创新的期望和意图去驱动思维空间构建进而产生对基点否定的假设推理，前文第三章笔者通过溯因法和个案研究已经验证了此观点。无论是

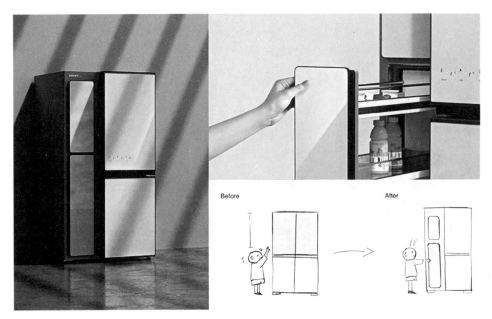

图 4-24 ASSORTI 创意冰箱
资料来源：工业设计（2021a）

设计草图还是设计的命题筛选，设计者往往把产品前提条件的筛选归功于头脑风暴或思维导图，甚至是图形启发，却无法阐明其设计思维的逻辑框架。这正如前文克罗斯的观点，虽然设计师习惯凭借经验和技巧解决问题，但并未确切明白自己是如何解决问题的（奈杰尔·克罗斯，2013）。

出于反事实思维的假设方式及产品设计思维方法的启发性原则，产品前提条件假设方法包含添加、消除、替换三种直接方法。但出于产品优化设计的目的性及问题性搜索，笔者认为，产品优化创新设计思维还包含改善、增强、修复，这三种方法是产品设计实践中启发设计者进行假设及再创新的更为直接有效的方法。

在一个"重新设计——冰箱"的产品设计专题中，设计师Byung-Jun Lee对冰箱进行了再创新的设计，如图4-24所示。这款名为ASSORTI的创意冰箱充分改善了产品现有需求的前提条件，将使用者和使用情境进行重新假设。设计者考虑到，生活中大多数冰箱都是围绕成人的使用境况而设计的，但使用者却不止成人，还包括儿童。由于父母与孩子的身高差异，孩子们使用冰箱比较困难，因此设计师假设了"冰箱"可以为孩子和父母提供独立的隔间，让孩子也可以轻松、安全地使用冰箱（工业设计，2021a）。

从图4-24中我们还可以看到，设计者同时在内部设计、拿取方式及尺度比例方面均提出了对冰箱物理条件的假设，进而改善了冰箱这部分的性能，最终实现了对使用者行为、使用

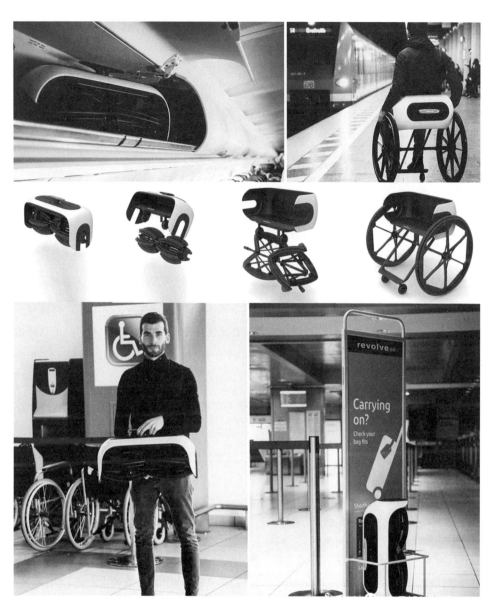

图4-25　Revolve Air
资料来源：产品设计作品集（2021）

境况和产品性能这三个前提条件间的整体变革，形成了合理的因果分析及假设。在这个案例中，"冰箱"作为产品的现有需求基点并没有变，设计者对其进行了分析、推理及前提条件的改善，实现了对"冰箱"的优化创新。

　　Revolve Air是由意大利设计师Andrea Mocellin设计的一款电动轮椅，如图4-25所示。在发达国家，室外用电动轮椅的使用是比较普及的，现有的电动轮椅满足了行动不便者的出行问题，但针对复杂的出行计划或乘机旅行状况，电动轮椅的设计仍需要创新的改善。

设计者通过调研和分析，假设了一个电动轮椅跟随使用者乘机时的状况：传统电动轮椅在使用者乘坐飞机时必须放在飞机的托运舱内，以至于下飞机时电动轮椅很有可能会遭到托运时物理上的损坏，并且，作为使用者肢体的一部分，电动轮椅应该时刻伴随在使用者附近，这样在心理上也能提升使用者的安全感和尊严（产品设计作品集，2021）。笔者认为，设计者的这一假设分析建立了产品使用者与使用境况之间的因果关联，使得产品现有需求的三个前提形成了新的设计逻辑，最终，设计者通过折叠的结构创新设计将产品的物理体积减小到折叠前的40%，使其能够顺畅地被放入行李舱，使电动轮椅的设计基点得到了创新变革。

这款电动轮椅在机场的自助服务站可提供给需求者临时租赁，这种使用前提条件和交互前提条件的改善，也扩展了机场的服务范围。这款基于前提条件改善的优化创新设计产品，正如设计者所描述的那样，它的目的是"给每天通勤和旅行的轮椅使用者带来全新的体验"（产品设计作品集，2021）。

4.3.3.5　前提条件增强的假设方法

在前文产品优化创新设计思维方法的分析策略中，基于前提条件的因果分析是设计者明确需求路径后的第一步，如图4-16所示。设计者在确定要为产品现有需求的变革假设做前提条件的分析时，时常会需要启发自己做一些现有产品的分析，而启发方式就包括前提条件的增强，例如，我们说一个产品的性能不好的同时也包含着对不良使用行为和使用境况的判断，但出于人类思维的有限理性及可得性启发的影响，设计者不一定能够直接联想到具体的使用者和使用境况，就像设计者的综合判断假设需要一定的启发一样，那么，这时通过对现有需求中的某一前提条件增强的假设，会带动整个产品需求前提条件的变革，进而引发设计者对产品的优化创新。

如图4-26所示，产品Google PixelBloc模块化移动电源概念背后的想法，体现了前提条件增强的设计思维。其设计创新是将多个移动电源堆叠在一起，使之成为具有更高电池容量的

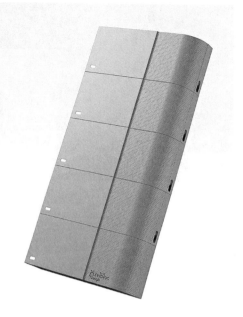

图 4-26　Google PixelBloc 模块化移动电源
资料来源：51design 我要设计（2021）

大型移动电源，或者将其分成较小的移动电源，可同时用于多个移动设备的充电（51design 我要设计，2021）。由此可以看出模块化作为一种设计方法对设计创新的启发之处，但如果提升到设计思维层面去分析设计者使用模块化方法背后的创新目的，设计者依然假设了产品新的现有需求，其中包含现有需求前提条件中的使用行为、产品性能、使用环境整体的增强假设。本设计中，设计者提出的理念是：使用者可以以自己认为合适的方式去使用此产品，并体验更好的灵活性（51design我要设计，2021）。这个针对使用行为及使用境况所提出的设计观念是以往外接充电行业未曾设想的，所以，此产品也体现了设计者对产品优化创新设计基点的假设分析，设计者设计思维的运用是具有逻辑性和完整性的。

环保设计是20世纪末和21世纪初设计界所关注的重要理念。环保往往与"节能""可持续""再利用""新能源"等主题理念相关联，但从设计思维的角度去分析，利用设计的智慧使现有产品产生更大的效能也是一种对环保的解读，尤其对于优化创新设计，显然是对产品性能增强的设计体现。

如图4-27所示，"LIDfree一体式折叠盖咖啡杯"的设计即体现了产品前提条件增强的假设方法。设计者Chia-Chun Chuang和Pei-Chun Hsueh利用了一个很巧妙的设计方式带来了产品环保的提升：此纸杯的边缘可向内折叠形成一个关闭的状态，能够在大多数情况下仍保持防溢漏，并且折叠后杯口处形成的中心孔非常适合吸管的插入，在打开时，LIDfree杯子保持

图4-27　LIDfree 一体式折叠盖咖啡杯
资料来源：工业设计（2021b）

可堆叠状态，从而确保该设计满足从咖啡师到消费者的所有需求（工业设计，2021b）。对比以往带有塑料盖子的一次性咖啡杯，虽然此产品的杯口折叠处仍无法做到100%的防外溅，但反映出了设计者对盖子环保限制的前提条件增强的重新构想。笔者从此设计中看到了产品的性能、使用的行为及使用境况的整体增强，环保的理念也能够更明确地体现在使用者与产品交互时的语境之中。

4.3.3.6　前提条件修复的假设方法

前提条件的改善和增强带来的优化式创新假设，往往是明显的、可见的、易于激发的、易于联想的，从命题的指向性上即会使设计者进入假设，例如是否可以改善一下环境或者是否可以增强一些性能等。但对于"修复"一词的创新指向性来说，设计者并不容易产生明显的创新联想，其原因是"修复"本身体现着对设计基点进行问题弥补的意图。但只要仔细观察设计基点的变化及设计者设计思维的所指，仍会发现一些以前提条件修复为假设的优化创新设计方法的应用。

如图4-28所示，在2020年红点设计概念大奖的获奖作品中，由英国设计师Philip Clayton设计的Rooble-360度自行车安全反射器，即体现了对于产品现有需求前提条件修复的假设方法。设计者首先考虑的是传统自行车反射光镜的物理结构问题，即传统的反射光镜均是以平面为基础的垂直反射，这种垂直反射在夜间很难反射侧面的光线，这就造成了户外自行车骑行者在夜间遇到侧面来车时的危险情况的增加（设计赛，2020）。

从上述来自设计者的设计解释中可以观察到设计者对产品现有需求三个前提的思考，即产品、使用者、境况之间的因果分析。设计者通过一个前提条件的修复假设，引发了另两个前提条件的变化，即反射器、夜间的骑行者、侧面来车的境况之间发生了新的因果联系。

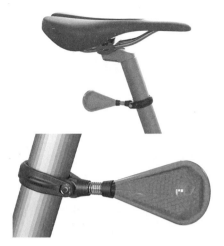

图 4-28　Rooble-360 度自行车安全反射器
资料来源：设计赛（2020）

图 4-29　Amazfit HomeStudio
资料来源：设计赛（2020）

并且，设计者进一步通过对反射器性能前提条件的修复，将假设扩展到了使用者和交通境况的新场景。设计者假设该产品能够通过360度视角捕捉白天自然光的光线，并提出将震动柔性安装系统引入该设计，假设在白天的情况下，使用者骑行中的自行车震动促使反射镜也发生震动，这个假设引发了使用境况的改变，反射器在白天也能通过反射、震动提高周围驾车人员的注意力（设计赛，2020）。该反射器修复了自行车反射镜只在夜间发挥功能的设计基点，同时设计者还提出了反射器中可以加入导航系统，这样使反射器与驾车者的操作之间加深了因果联系，最终使得产品得到了足够的优化创新。

如图4-29所示，由华米科技设计的Amazfit HomeStudio是一个概念智能健身中心，体现了对传统健身产品问题修复的假设。通过对图4-29的观察及文献描述可知：跑步机和屏幕内部都有内置扬声器，屏幕的视觉场景和足部接触地面时的声音为健身者带来身临其境的跑步体验；跑步机两侧的训练杆可以支持用户进行高强度的体重训练；通过智能屏幕，可以镜像用户的动作和显示锻炼数据，并利用了TOF建模技术，准确地识别了运动姿势，更好地引导用户运动及锻炼，减少了身体运动伤害（设计赛，2020）。笔者认为：首先，华米科技的这款健身中心的概念对使用者运动时视觉、听觉及触觉的前提条件进行了修复，使得传统健身产品的体验性得到了创新；其次，在关注使用者运动方式方面，该产品修复了传统健身产品与使用者交互不足的问题，强调了健身中心对使用者合理、安全锻炼的引导，进而形成了产品使用境况的创新；最终，设计者还利用先进的材料和技术整合了产品的物理结构，通过极简的设计风格使健身中心的产品语义得到了最好的诠释。从使用健身器材到科技引导健身运动，华米科技的这款健身中心提出的不仅仅是产品前提条件的修复，更是一种对传统健身的理念及生活方式的修复假设。

4.3.3.7 关于产品前提条件假设方法的讨论

在第三章的理论研究中，笔者提出基于反事实理论的优化设计思维模型具有两种思维方式：一种是正向的，由于设计的基点与设计者的经验产生了偏离所造成的自动激活的优化设计思维，是由激发阶段走向内容阶段的经验内假设；另一种是反向的，由内容阶段指向激发阶段的且带有目标指向性的优化创新设计思维，两者构建了优化设计思维假设模型。但就一个复杂的设计思维假设的形成来说，两者可能是相互影响的，在一个产品优化设计的假设分析中，设计者的设计思维既有可能是先经历"由因及果"，也有可能先经历"由果及因"，或者两者交叉进行，即在自动激发的优化设计思维产生的同时，可能会有某些来自设计者综合判断的认知启发产生的创新假设，笔者在前文个案研究中已经有所证明。虽然说最终设计的创新性很难被准确评价，但可以肯定的是，迫使设计者通过创新目标的树立及期望和意愿所产生的优化创新设计思维一定是需要某些启发性假设驱动的。所以，无论是针对产品需求前提条件的添加、消除、替换还是改善、增强或修复，都可能为产品的优化创新设计提供一定的启发，并且能够作为一种简捷的假设方法，应用于产品优化创新设计当中。下一章笔者将通过设计实验及设计实践对所提出的产品优化创新设计思维方法的启发性和有效性进行验证。

第五章　基于反事实理论的产品优化创新设计实证研究

根据艺术设计理论与实践研究专业方向的实践性特点，本章将用设计实验和设计实践来验证所提出的理论：首先，笔者通过设计教学实验来验证基于反事实理论的产品优化创新设计思维方法对设计者设计思维创新启发的有效性；其次，笔者又通过笔者本人基于本研究的三项产品设计实践来检验本文所提出的设计理论方法应用的可行性，最终目的是更好地将理论应用于实践，更深入地体现本文的研究价值。自此，本章进入主体研究的第三阶段。

5.1　产品优化创新设计思维方法应用的教学实验

5.1.1　实验的内容

5.1.1.1　实验的目的

实验假设：产品优化创新设计思维方法作为一种设计启发式的应用，会增加产品设计者的创造力，进而使设计者的设计方案更加具备创新性。

实验要研究的问题：1.产品优化创新设计思维方法对设计者设计思维启发的影响；2.产品优化创新设计思维方法是否能够带来设计方案创新性的提高；3.产品优化创新设计思维方法是否能够启发设计者跳出设计思维定式，进入创新可能性的思维空间。

5.1.1.2　实验的研究方法

设计思维的研究提倡定性研究法，因为在人本主义的设计者看来，统计仅是静态数据，只适合对过去进行分析，不适合创新的研究，设计思维作为以人为中心的创新体系，采取认识、发现、了解和判断等手段，在真实环境的现场对人和问题加以具体考察以及理解数据背后的人才是新知识的来源（王可越等，2017）。本节笔者主要采用的研究方法有观察法、口语报告法、相互对照法、内容分析法。

观察法：利迪与奥姆罗德的《实证研究——计划与设计》一书指出：质性研究中的观察法与量化研究中的观察方法有所不同，研究者可以从一个参与者的视角来观察、审视所研究事物的现象，也可以从一个局外人的角度去解构、分析所研究事物的现象，这种非结构化的方法是灵活的、可延伸的，要求研究者保持客观，对所听到或看到事物的解释会随着研究的进程而发生变化（保罗·利迪、珍妮·埃利斯·奥姆罗德，2015）。

口语报告法：又称"出声思考"（think aloud），是由内省法发展而来的，其中又分为同时性口语报告和追述性口语报告，追述性口语报告是指在实验后，研究者要求被试者追述思维过程的一种研究方法（李菲菲、刘电芝，2005；杨跃，1994）。口语报告法对揭示思维内容有着天然的优势，符合认知心理学研究个体内部认知过程的需求（张裕鼎，2007）。口语报告法主要由问题设计、口语报告与记录、口语报告的转译与编码、数据统计分析几个步骤组成，适合研究特定的任务，例如思维决策、广告设计等方面（李菲菲、刘电芝，2005）。研究者普遍认同：口语报告法只能够提供人们思维过程的数据，不能直接给出思维的过程和理论模型，但可以是理论的依据，研究者需要用自己的知识获得的数据进行解释，对研究主体进行推理和构建，进而提出新理论（张裕鼎，2007；杨跃，1994）。口语报告法作为一种小样本研究法，能够收集到被试者丰富的思维过程信息，具有较高的生态效度（张裕鼎，2007）。在设计学研究的原案分析中，口语报告法也得到了有效的应用（孔祥天骄，2018）。实验通过对被试者的设计方案追溯性口语报告及被试者设计方案内容的提取，进行设计启发的定性转译、编码并形成研究数据，最终通过数据分析得出实验的结果。

相互对照法：该法不单独设对照组，将两次设计方案数据进行多方面的对比，包含数量、思维形式、创新性、方法应用效果等，通过这种对照，对结果进行定性分析，对理论的有效性进行验证。

内容分析法：内容分析法指的是研究者需要通过详细并且系统地审查研究资料的内容，并且从中分析某些固定的模式、主题或偏差的方法。研究者往往在研究开始就确定精准的研究课题，内容分析可能是数据分析的一部分，也可能是某个复杂的、多方向的描述性研究的具体化（保罗·利迪、珍妮·埃利斯·奥姆罗德，2015）。

5.1.1.3 实验的设计

实验主题为本科设计教学课程实验，题目设定为"现代家具产品设计"。实验设计出于以下几个原因：首先，笔者作为高校产品设计专业教师，有着10多年的产品设计教学经验，对学生的产品设计思维有着一定的观察和分析能力；其次，题目明确了产品优化设计实验的基点，即"家具产品"，符合本文的研究范畴；再次，笔者考虑，在产品设计领域当中，家具产品设计是具有一定代表性的。追溯家具发展历史，在20世纪后，随着现代主义和功能主义的到来，现代家具的设计已经逐渐成为产品设计的一部分，而期间产生的设计演变及材料、工艺、技术的进步代表了其研究的探索性和可持续性（童慧明、徐岚，2006）。但正是由于家具自身的历史性及多元性，家具产品设计在当下的创新突破已经成为一项具有难度的设计任务，对设计者的设计思维及经验有着深刻的考验，对产品设计实验的效度也有着一定的加强。

本课程实验在2021年5月至7月间完成，时间为6周，每周20学时。参与实验测试的学生共39人，其中男女比例为14∶25，参与者年龄在18—24岁之间。本次实验在国内某知名综合性高等艺术大学设计学院中的某教室完成。实验的参与者为该学校产品设计专业三年级下学期的本科生[①]，该阶段的学生具备充分的设计基础及表达能力，部分学生拥有设计比赛获奖经历及设计实践经历，具备初级产品设计师的能力。

本实验的辅助员为笔者邀请的两位产品设计二年级硕士研究生，笔者事先已将实验设计目的、实验过程、实验分析、转译及编码步骤对两位实验辅助员讲述，在确保其完全理解和判断明确后，进入实验研究。

在实验中，笔者的角色既是实验的设计者、观察者、分析者，又是被试者的老师，能够

---

① 该专业被教育部评为 2020 年度国家级一流本科专业建设点。

表 5-1　实验的时间节点及阶段性内容概述

第一周	笔者介绍课程实验内容，讲述家具设计基本理论知识，解答学生对课程的疑问。
第二周	笔者布置设计任务，学生进行文献调研及市场调研。
第三周	学生凭借自身设计经验完成第一次设计方案。
第四周	学生对第一次设计方案进行追述性口语报告，笔者进行设计思维的观察和录音，之后，笔者讲授产品优化创新设计思维和方法。
第五周	学生利用产品优化创新设计思维方法完成第二次设计方案。
第六周	学生对第二次设计方案进行追述性口语报告，笔者进行第二次设计思维的观察和录音，最后，笔者进行课程总结。实验辅助员进行原案的收集、转译、编码、提炼、分类，以用于实验统计和分析。

注：作者自绘

对整个课程实验内容和进度进行有效控制。实验的节点和内容，如表5-1所示。

第一周，笔者在20学时内完成家具的基本知识要点讲述，包含家具的发展历程、家具的风格演变、家具的类型、家具的材料与工艺、家具与环境的关系、家具设计流程等基本知识，旨在使学生快速了解家具设计的基本范畴，并予以学生家具设计理论相关方面问题的解答，最后，使学生明确本次课程的实验性及实验价值。在涉及设计创意评价、设计思维启发方面，笔者保持对学生的不干扰状态。

第二周，笔者布置实验设计任务。设计范畴包含室内家具、城市家具、公共家具、儿童家具、灯具等可实现批量化生产的家具类产品。学生完成16学时的设计调研，包含实地调研和文献研究，均为独自完成，调研结束后，学生利用4学时整理调研结果。

第三周，笔者要求学生在20学时内凭借自身的设计经验进行独立选题设计，如图5-1所示，完成第一次设计方案创意的思考和表现。在选题时，学生须按照笔者规定的家具产品设计类型去设定方向，设计期间不可相互干扰创意，保证实验的有效性。

第四周，笔者要求学生在8学时内，每人利用5分钟时间对自己的第一次设计方案做追

图 5-1　学生第一次方案设计及口语报告
注：笔者现场拍摄

述性口语报告①，如图5-1所示。笔者在台下进行观察及录音，录音工具为科大讯飞XF-CY-J10E智能办公本。

接下来，笔者在4学时内完成产品优化创新设计思维方法的分析策略的讲解，包含优化设计思维模型、产品需求分析、优化创新设计实现路径及产品前提假设方法的讲解，并引用大量的案例分析作为辅助，在实验教室内完成讲述，如图5-2所示。

---

① 产品设计专业的学生从一年级开始做设计时便接受口语表述设计方案的训练，所以，在这里学生对设计的追述能力是能够达到口语报告法要求的。

图 5-2 笔者讲述产品优化创新设计思维方法

注：实验辅助员拍摄

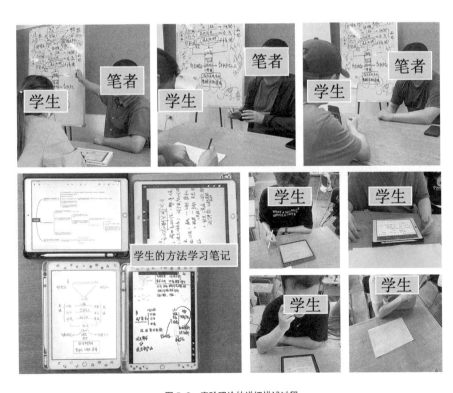

图 5-3 实验理论的详细讲述过程

注：实验辅助员拍摄

在实验中，由于理论讲述的时间有限，且学生接受理论的能力不同，所以，在理论模型讲述过后，笔者会再利用8学时对39名学生进行一对一的理论详解，增加学生对产品优化创新设计思维方法的理解，确保学生对本研究的理论与方法达到有效的掌握。

对学生问题的解答在独立实验区域进行，笔者只做理论方法的详细讲述，避免对学生第二次方案创意的干扰，保持学生的独立设计思考状态。笔者也能够借此环节观察学生对本思维方法研究的接受程度及思维难点，如图5-3所示。

第五周，在确保学生掌握产品优化创新设计思维方法后，学生开始进入第二个家具方案的设计环节，要求学生独立完成设计思考及制作，笔者不对学生第二次设计过程进行干扰。

第六周，笔者要求学生再次在8学时内完成对第二次方案创意的讲述，笔者在台下进行观察和录音。接下来，学生利用8学时完成作业PPT报告册（后文简称为"PPT"）的制作，要求页数为20页，包含市场调研、第一次设计方案及第二次设计方案，同时具备对两次设计方案的设计意图和设计概念的文字描述。最后将PPT以电子文件的形式提交给实验辅助员，笔者对整体实验课程进行简单总结和说明，完成实验课堂部分的内容。

5.1.2 实验的数据编码与转译

5.1.2.1 实验数据的采集

实验数据采集分两部分：第一部分是对学生设计PPT的图片和文字的采集，笔者称之为原案资料采集，如附录10所示；第二部分是对学生口语报告录音的有声采集，如附录11、12所示。

在设计学研究中，由于设计作品外观及文字描述本身能够在形式、语言上表达设计者部分设计思维，所以，在设计教学中，设计作业PPT的内容也就常常作为学生设计思维的表达而被用于设计教学结果的评价。在本实验中，对PPT内容资料进行数据分析也对口语报告分析有着重要的补充意义，同时，本阶段部分设计内容数据采集、编码也是为了更好地辅助口

实验辅助员

录音转译设备

图 5-4　实验辅助员对作品内容的数据提取及编码现场
注：实验辅助员现场拍摄

语报告的转译和编码及之后设计专家对设计创新性的评判，如图5-4所示。

在口语报告的转译与编码中，要求先将被试者的录音报告转化为书面文字材料，再按照语句中反映被试者的思维片段归类，用符号进行编码，研究者对应相应的分类规则和符号代码建立编码体系。由于口语的编码依赖特定的研究对象，很难建立统一的标准模型，所以学者们对分类和编码的标识也就各不相同（李菲菲、刘电芝，2005）。

综上所述，本文的数据编码按步骤顺序包含两部分：第一部分为学生作业PPT原案资料的提取和编码；第二部分利用第一部分的编码序号对学生口语报告部分的内容进行文字转译分类。

5.1.2.2　实验数据的编码

实验辅助员在得到39名学生的PPT原案资料后，去除封皮文字干扰信息，进行整体编码（注：两位实验辅助员的原案整理、数据提取、编码等工作均在独立的实验环境下完成）。

实验编码：39个PPT随机编码序号为1—39。每项PPT内容以编码为"1"的PPT为例，包含"设计调研部分""第一次设计""第二次设计"，如图5-5所示。再由两名实验辅助员对39个PPT中的两次方案进行原案资料提取，要求被提取的图片能够代表该次设计的完整创意信息，被提取的文字包含方案的名字以及能够表达学生设计创意受启发的关键词句。接下来，在去除设计调研部分后对提取出的两次设计方案进行编码：第一次设计编码为A，

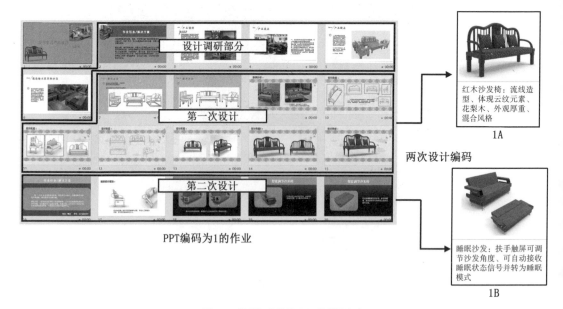

红木沙发椅：流线造型、体现云纹元素、花梨木、外观厚重、混合风格

1A

两次设计编码

睡眠沙发：扶手触屏可调节沙发角度、可自动接收睡眠状态信号并转为睡眠模式

1B

PPT编码为1的作业

图 5-5　编码为"1"的 PPT 的提取方法
注：作者自绘

第二次设计编码为B，前面附加该PPT编码序号。例如：编码为"1"的PPT提取出"1A"和"1B"两个设计方案，编码为"2"的PPT提取出"2A"和"2B"两个设计方案，以此类推直至39个PPT原案资料的提取、编码完成。再将提取的78个方案按PPT编码顺序对应制成列表，第一次方案为学生基于原有设计经验启发的设计方案，第二次方案为学生采用产品优化创新设计思维方法进行家具设计的方案，如表5-2所示。

表 5-2　现代家具产品设计实验 PPT 原案资料编码表格（示例）

编码	第一次方案 / 学生基于原有设计经验的设计方案、关键词句提取	编码	第二次方案 / 学生基于产品优化创新设计思维和方法的设计方案、关键词句提取
1A	红木沙发椅：流线造型、体现云纹元素、花梨木、外观厚重、混合风格	1B	睡眠沙发：扶手触屏可调节沙发角度、可自动接收睡眠状态信号并转为睡眠模式
2A	……	2B	……

注：摘自附录 10

在设计方案PPT报告册内容中，学生的初始设计思维受何种形式启发是很难通过PPT中的图片及关键词句准确观察的，因为，学生的设计文本在随着方案的完善而进行添加或修饰，某些设计词句是随方案优化时而产生的功能或形式的描述，例如设计软件的偶发效果、技术材料的应用、方案外观的描述等，这些都可能成为作业PPT中修改学生初始设计意图的关键词句。所以，追述性口语报告法能够使笔者更加准确地了解学生初始设计思维的启发因素。

5.1.2.3 实验数据的转译

口语报告的转译与分类：笔者请两名实验辅助员根据学生两次方案追述性口语报告现场录音的口语转译（录音转文字设备为科大讯飞XF-CY-J10E智能办公本，如图5-4实验辅助员左手边），去除语句结构及非必要口语文字信息后，对39名学生的设计思维进行了提取，提取内容为能够反映学生设计思维的词句片段，方法是在实验辅助员认定为能够反映设计思维的词句片段下用横线标注，然后，实验辅助员对设计思维片段进行"思维启发"的转译和分类，如表5-3、表5-4所示。

对设计启发转译分类的解释：前文已述，设计的启发式是当设计者遇到信息模糊的设计问题时，会利用心理学的启发式去作为解释决策、判断和解决问题的简单有效的规则（Yilmaz et al.，2011）。启发式设计的目的定义为搜索新方案的"有根据的猜想"（Yilmaz et al.，2013a）。那么，笔者事先对本案的启发类型进行了分类：1.形式启发，是指设计者设计思维来自经验内的审美判断、形态关联、形态模仿、风格借用等解决形式问题的思维启发；2.功能启发，也可以称作功能联想，设计者常常因为某种结构或技术产生的优越性，进而产生功能的模仿或借用、移植，通过功能的联想，解决某种问题的发现；3.问题启发，是指设计者设计思维的出发点来自对身边具体问题的发现、问题的推理而产生的解决问题的想法；4.需求启发，需求的出发点源自设计者对产品基点前提条件的分析及假设，目的是寻求对设计需求的变革与创新。对于形式启发、功能启发、问题启发的进

表 5-3 学生第一次口语报告的提取、分类（示例）

编码	实验辅助员对学生方案表述的记录的提取	分类
1A	我发现现有沙发缺少混合风格设计，我想设计一款具有混合美感的简洁的沙发。	形式启发
2A	我发现家里的餐桌下的椅子总是很凌乱，我奶奶在经过时总踢到椅子腿，所以怕老人摔倒，我设计的是将桌子和椅子固定在一起的餐桌椅。	问题启发
3A	……	……

注：摘自附录 11

表 5-4 学生第二次口语报告的提取、分类（示例）

编码	实验辅助员对学生方案表述的记录的提取	分类
1B	市场上的沙发都是满足坐的功能，都很舒服，但是在生活中，沙发在看电视时是最常用的，经过我简单地调查，有多数人都是在沙发上看电视时睡着，经常腰酸背痛，是姿势不正导致的。我提出的沙发创意是一款智能沙发，可以感知人的动作，当发现人坐姿长时间不动的时候，就可以自动翻折成平躺的模式，并且可以有自动调节温度的系统，这样保证人们睡觉不着凉。同时在扶手处还有触摸面板，可以在平时调节沙发的造型切换。	需求启发
2B	……	……

注：摘自附录 12

一步解释是：根据反事实理论的"范例说"及前文笔者提出的优化设计思维模型，设计者思维中的"范例"是由设计者过去经验所形成的对所设计事物的一定的认知与预期，即自身的设计经验。那么，在本实验中，"基点"是现有的家具产品，学生产生问题解决的出发点正是由现有家具产品与学生经验中"范例"的偏离所自动激发的，而学生的设计经验包含对"设计形式""设计功能""设计问题"的掌握能力。笔者认为，学生在两次设计中，"形式启发""功能启发""问题启发"的产生最终应该归纳为问题解决驱动导致的优化设计思维。所以，笔者在确定两名实验辅助员能够准确理解四种启发类型，并对设计思维词句片段中的设计启发达到一致的评价标准后，才可以对口语文字中有效表达的设计思维启发进行分类。

5.1.3　实验的结果分析

5.1.3.1　口语报告的数据统计与分析

表5–5　第一次方案设计的思维启发的类型与数量统计

设计思维	作品编号	数量
形式启发	1A、3A、4A、7A、9A、10A、14A、18A、23A、24A、25A、26A、32A、34A、35A、37A、38A、39A	18
功能启发	15A、17A、27A、28A、29A、30A、31A	7
问题启发	2A、5A、6A、8A、11A、12A、13A、16A、19A、20A、33A	11
需求启发	21A、22A、36A	3
共计		39

注：作者自绘

表5–6　第二次方案设计的思维启发的类型与数量统计

设计思维	作品编号	数量
形式启发	24B、32B	2
功能启发	4B、16B、20B、22B、27B、28B、30B、36B	8
问题启发	5B、14B、19B、25B、31B、35B、39B	7
需求启发	1B、2B、3B、6B、7B、8B、9B、10B、11B、12B、13B、15B、17B、18B、21B、23B、26B、29B、33B、34B、37B、38B	22
共计		39

注：作者自绘

经过两名实验辅助员对两次方案口语报告的转译、分类后，笔者能够对两次设计方案的设计思维启发分布情况有所观测：39名学生在第一次方案的设计表述中设计思维启发情况如表5-5所示，其中，设计创意凭借形式启发的数量为18，凭借功能启发的数量为7，凭借问题启发的数量为11，凭借需求启发的数量仅为3；39名学生在第二次方案的设计表述中设计思维启发情况如表5-6所示，其中设计创意凭借形式启发的数量为2，凭借功能启发的数量为8，凭借问题启发的数量为7，凭借需求启发的数量为22。

在这两组实验研究数据中，单独对比每名学生两次方案的启发形式很难形成有效结论，因为每名学生的理论学习能力和设计习惯的转变很难在一次设计实践中准确定性，所以，整体的数据统计比较更能体现产品优化设计思维方法的运用情况，如图5-6所示。通过两次设计思维启发分布的对比可以观察到：1.在第二次设计方案中，学生凭借形式启发的方案数量明显降低，产品优化创新设计思维方法的运用使学生减少了对形式启发的依赖；2.两次设计方案受功能启发的方案数量变化不明显，说明了经验内的功能启发依旧是学生设计概念生成的简单途径；3.在第二次设计方案中，学生凭借问题启发的方案数有所减少，说明随着需求启发的介入，学生对问题启发的依赖有所下降；4.在第二次设计方案中，需求启发的方案数量有了极大提高，这说明学生对产品需求创新的认识有了较高程度的接受和理解。

如果将形式启发、功能启发、问题启发归纳成学生经验内的"问题解决驱动"的优化设计，那么，两次设计思维启发的整体数据分析表明：第一次方案设计的创意中，学生基于问题解决驱动的优化设计方案总和为36项，约占总数39项的92%，远远大于凭借"创新驱动"的方案数量；而在第二次方案设计的创意中，通过产品优化创新设计思维方法的运用，基于问题解决的优化设计方案总和减少到17项，约占总数39项的44%，比第一次方案降低了48%。

所以，实验数据分析证明，产品优化创新设计方法有效地降低了学生基于问题解决的优化设计思维产生，减少了学生陷入思维定式的可能性，并且提升了学生的优化创新思维能力。

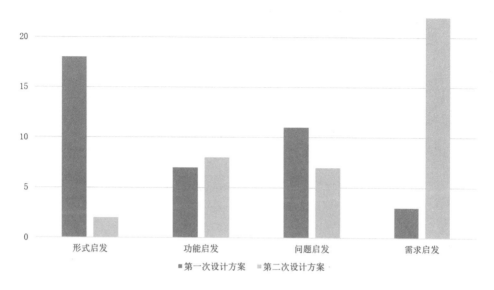

图 5-6　两次设计方案的设计思维启发数量对比
注：作者自绘

5.1.3.2　原案资料的创新性评定及数据统计分析

首先，由于产品优化创新设计思维方法主要是对设计者创意初期的设计思维启发，所以本实验中学生的设计方案只涉及设计概念的提出，并未真正地设计实现，那么，设计作品的创新性也仅能通过设计概念体现，与最终设计的实施程度无关；其次，在实验内，对设计方案概念的创新性评价是由笔者和两位实验辅助员按照是否提出"创新需求"为标准所制定的，而提出创新需求并不一定能够代表实验中设计方案的创新性，所以，为了进一步验证采用产品优化创新设计思维方法启发所生成的设计概念的创新性，笔者将附录10编码表格中的78件设计原案资料隐去编号并以电子图片的方式发送给本实验邀请的5名设计专家进行创新性的认定。受邀的5名专家由国内知名高校的2名教授、2名副教授及1名讲师组成，均为产品设计专业教师。

认定方法：为了简化认定难度，认定任务设置在对每个方案设计概念的创新性认可方面。笔者通过电话通话形式向5名专家介绍了本次主题设计方案的大致内容及创新性认定的任务目的，并将78件设计方案去除编号以Word图片排版文档的形式发送到5名专家邮箱，在此基础上5名设计专家只需在78件设计方案中，根据方案的单张效果图及关键词句描述，对

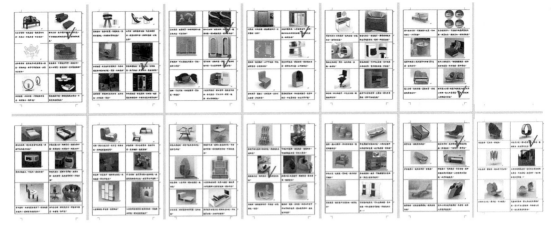

图 5-7 由 1 号专家评定的具有创新性概念的作品
注：作者自绘

自己认为具备创新性的方案做标注，再以图片的形式返回给笔者。例如，1号专家对体现创新性的设计方案认定如图5-7所示。

笔者最终收回了5份由设计专家评判的结果文件，再由笔者完成了原案资料内创新性作品数量的整理和数据的对比，如图5-8所示。

5位专家对两次设计方案中78件作品的创新性认定情况可以说明：39名学生的第二次设计方案具备创新性的数量远大于第一次设计方案，并且，2号专家在第一次方案设计中并没有选出具有创新性的作品，可见学生在第一次方案设计时受问题解决的优化设计思维启发并不能带来方案的创新性，反而通过产品优化创新设计思维方法的运用，学生第二次设计方案整体的创新性有了明显的提高。

同时，通过与前文数据对比可以观测到，5位专家对第二次设计方案创新性数量的认定与两位实验辅助员的需求创新认定是不同的——5位专家在第二次设计方案中认定具有创新性的方案数量在5—12项之间，而两位实验辅助员判定的需求启发数量为22项，这个结果说明了具有创新需求的设计并不一定能够被评定为创新性设计。创新性需求的启发只是使学生跳出了设计思维的定式，增加了创新的可能性。这与密歇根大学4位学者对设计启发式定义是相符合的——设计启发式是一种"跳进"可能性空间的方法，并且可以主动地、灵活地构建新的方案，防止设计定式的产生（Yilmaz et al.，2011）。

本次设计教学实验证明，学生在没有采用产品优化创新设计思维方法的情况下，凭借自身设计经验产生的创新性设计方案数量很少，而产品优化创新设计思维方法的运用提高了学生的假设能力，引导学生的设计思维跳出了经验及问题启发的思维定式，并增加了产生更多

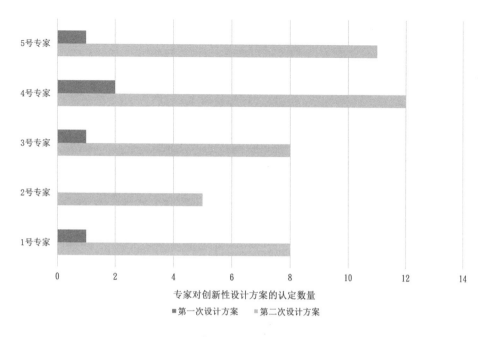

图 5-8　两次设计方案创新性的认定数量对比

注：作者自绘

创新需求的可能性，进而增加了设计方案创新的机会，提升了学生的创造力。

5.1.4　实验的相关问题讨论

首先是对方法的讨论。对比学生两次设计方案时的口语报告，通过口语的提取，我们可以清晰地发现，学生在采用产品优化创新设计方法时并不一定能够完全理解并达到很好的应用。例如：28B方案的设计文字描述中提出了"需求"二字，但仍采用了功能启发，可见此处设计者理解的"需求"是其个人对健身的需求，而不是经过对同类家具产品的分析和推理产生的对设计基点的创新需求分析，所以这种"需求"被认定为问题的发现。笔者在实验中对产品优化创新设计思维方法进行详解时也发现，部分学生很容易混淆问题和需求的含义，很容易进入"发现问题即是发现需求"的逻辑，但笔者强调，新需求并不是凭经验解决基点内已经存在的问题，笔者在设计思维方法里所指的"需求"是基于问题分析后而产生的"跳出问题解决"的假设。进一步说，是提出"经验外的问题假设分析"，有了创新的问题假设才能够提出超出设计者经验的创新需求可能，而决定问题假设的成立是需要对基点前提条件整体的逻辑性变革所形成的，即产品设计需求前提条件假设推理的形成，这一点就会避免问题思维的局限，进而使设计思维"跳入"一个对基点创新前提条件的可能性搜索的思维空间，这正是笔者提出理论的难点所在。很多学生在实验中因为无法做到与理论要求一致，进而重回问题思维去完成第二次设计方案，当然，这点与设计者的设计能力和理论学习的接受程度也有着一定的相关性。

其次是对实验设计的讨论。在本次实验中，设计的题目很大程度上提高了设计的难度。现代家具产品设计有着独立的发展脉络，在西方近代百年家具设计历程的影响下，现代家具产品已经形成了具备时代性和地域性的风格和体系（童慧明、徐岚，2006），创新的难度较大。笔者在教学实验中与学生讨论时观察到，一些学生对家具产品本身的使用需求较低，相比众多小型产品或日用品以及日常生活中能够汲取、接触到的产品而言，他们认为家具的接触是最少的，创新是具备一定难度的。所以，在第二次设计方案中，没有产生很大数量的被评委认可的创新性家具产品设计概念。

最后是对实验本身的讨论。设计实验是检验设计方法的一种途径，但如前文所述，"设计"是复杂的，对于设计方法的研究和定性就会随之变得复杂、困难。设计学是一门年轻的学科，至今没有形成固定的研究方法，所以，凭借设计实验来研究"设计"是一种探索和尝试。本文借鉴了一些设计启发式的研究方法，例如原案的关键词提取、口语分析提炼、综合评估等，这些也是部分西方学者已经测试成熟的研究手段；同时，笔者竭力做到对设计实验的控制并如实地完成观察和数据分析，这些均能够代表本实验的有效性。

5.2　产品优化设计的实践研究

针对学生教学的设计实验具有一定的局限性，在思维、经验及作品的完成度上并不能完全准确地检验产品优化创新设计思维方法的具体性和完整性。设计思维的研究区别于设计方法的研究，设计思维与方法是设计者两方面不同的能力，思维与思维方法是内在的，不可见的，而方法和方法论是外在的，可见的（张同，2007）。有些时候，设计方法研究需要落实到具体的实践上，面对具体问题，设计者需要去利用"做设计"进行行动上的实践研究。"做设计"则着重指详细设计，详细设计是概念设计的物化过程，是设计思想的量化描述（侯悦民等，2007）。所以，笔者作为一名具有多年产品设计经验的设计者，将在本节采用设计实践的研究方式对产品优化创新设计思维方法进行检验。

产品优化创新设计思维和方法的实践目的：1.通过同一类别的产品设计实践，对比基于"问题解决"驱动的产品优化设计和基于"创新"驱动的产品优化创新设计的区别，比较两者优化设计思维方法运用的不同；2.通过基本需求和现有需求两条设计实现路径，验证产品优化创新设计前提条件假设方法的有效性。

5.2.1　基于问题解决驱动的产品优化设计实践

设计实践的背景介绍：回顾笔者第三章的假肢研究个案，在2016年，设计者张烨根据假肢设计的需求创新提出了第一代3D打印无源索线假肢的设计，但是第一代假肢仅作为产品的概念提出，距离产品的功能化及人性化设计还有差距。在接下来的2017年，设计者张烨对第一代假肢产品进行了优化设计，设计制作了第二代假肢产品，并得到了康复辅具市场和残障人士的认可，投入小批量的定制应用当中，如图5-9所示。

5.2.1.1　第三代 3D 打印无源索线假肢的设计

在2018年，笔者受邀对3D无源索线假肢第二代产品进行优化设计，笔者的设计任务是对产品进行优化迭代，所采用的是以问题解决为启发的优化设计。开始，笔者通过长期跟踪一名使用者，并对其假肢佩戴使用的相关活动、行为等进行观察，基于"由因及果"的优化设

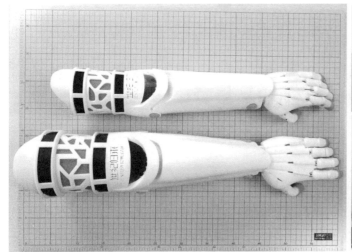

残障者的
断肢处

二代无源
索线假肢
使用者

图 5-9　第二代 3D 打印无源索线假肢及应用

注：吉林省归来义肢股份有限公司提供

计问题推理，笔者得到以下产品问题的发现：

1.重量问题：使用者在佩戴二代假肢一小时内就要取下来，通过断臂上的印迹分析，在假肢小臂部分出现过重压强，以至于使用者在做抬起姿势时，造成重心的失衡，给断肢部位带来负担；2.结构问题：在第二代假肢的大臂处，使用者需要用海绵去做垫片，增大摩擦力，问题原因是筒形结构并不具备固定皮肤的摩擦力，需要改进，并且小臂的索线腔体壁厚凸出，在穿衣服时很紧，需要改进优化；3.透气问题：第二代假肢由于闭合的面过多，进而影响了断肢皮肤的散热，尤其夏季，使用者很难坚持佩戴；4.交互方面的问题：在假肢的维修和组装上，索线的更换在大臂处和手指处很难锁紧，因此需要调整索线的入线、出线孔道位置，以便索线维护和安装的便利性；5.外观问题：第二代假肢的外观偏向概念化，笔者经了解得知，原设计意图是令使用者感到酷和与众不同，但本次设计根据使用者的反馈，笔者得到的问题是"突兀的造型会增加使用者残障问题的放大化"。所以基于这个心理问题，笔者认为，使假肢更接近上肢的自然形体是设计者的使用诉求。

所以，笔者基于以上5点的问题启发，对第二代假肢产品进行了产品优化设计，并最终在2018年11月完成了第三代3D打印无源索线假肢的设计。通过使用者的试戴、使用，第二代产品的问题发现得到了有效解决，并且，该产品得到了业内专家的认可，设计的过程及最终的产品实物如图5-10所示。

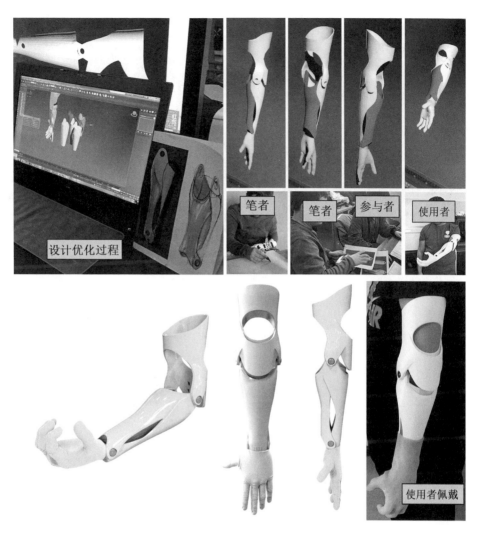

图 5-10　第三代 3D 打印无源索线假肢的设计

注：作者自绘

5.2.1.2　第四代 3D 打印无源索线假肢的设计

在第三代3D打印无源索线假肢得到使用者的认可后，笔者基于产品优化设计思维，在2020年进行了第四代假肢的设计。首先，笔者以第三代为基点，对使用者进行了产品问题的调研，通过对使用者及现有产品使用问题"由因及果"的优化设计分析得出以下问题启发：1.下臂的断肢施力接触点距离使用者的断肢稍远，导致使用者的力量不能全部释放，需要将其弧度进行微调整；2.在肘部关节处，由于拉伸索线需要依靠结构的行程距离，所以造成大臂外壳索线牵拉处的凸起，在小臂弯曲角度过大时，凸出部分会影响衣服的穿戴，也不美

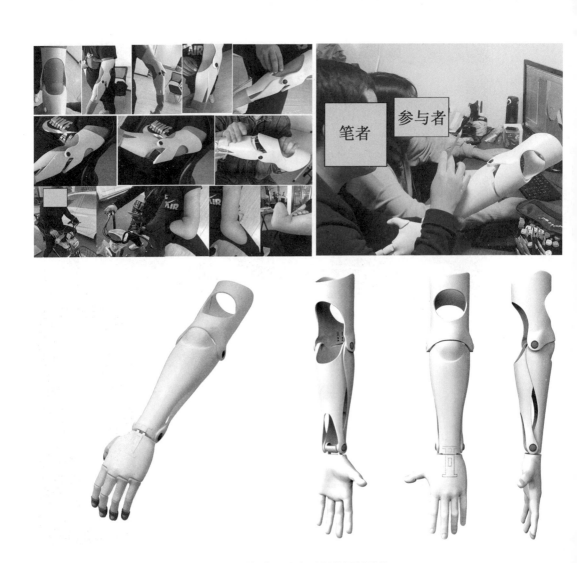

图 5-11　第四代 3D 打印无源索线假肢的设计
注：作者自绘

观；3.大臂的壳体结构处有挤压感，牵拉力仍有不足，需要优化大臂结构去改善；4.小臂重量需要进一步减轻，增加透气性，外形需要进一步考虑人性化设计。经过笔者不断地调整和优化，最终确定了第四代无源索线假肢的设计，并在2020年将其完成。设计过程及产品实物如图5-11所示。

5.2.1.3　两代产品的优化设计分析

首先，两代假肢产品的设计充分地体现了产品优化迭代的过程，笔者的设计是围绕假肢基点问题所构建的，主要集中在产品的功能及其性能前提条件的改善，包含问题发现与解决及形式的优化等，这些方法的运用既有来自笔者对使用者的使用问题观察得到的因果推理，也有来自笔者自身设计经验的形式启发和功能启发所进行的设计思考。

在两次优化设计中，反事实"范例说"能够对笔者的设计思维进行解释：第二代假肢作为产品优化设计的基点与笔者的设计经验发生了偏离，激发了笔者的优化设计思维，笔者通过"由因及果"的问题启发，完成了第三代产品的设计；当第三代假肢成为优化的基点后，出于问题解决的优化设计思维，笔者对第三代产品问题的发现再次激发了笔者"由因及果"的优化设计思维，假设了问题解决方式，进而完成了第四代产品的设计。因此，此阶段的设计实践同时也是对基于反事实理论的优化设计思维模型的部分验证。

5.2.2　基于创新驱动的产品优化设计实践

5.2.2.1　以基本需求为基点的产品优化创新设计实践

在上一节的设计实践中，笔者通过假肢产品的优化迭代设计验证了基于"问题解决"驱动的"由因及果"的思维方式。本节，笔者为了对比上一节的研究，进而验证"由果及因"的产品优化创新设计思维，将设计任务依然设定为"医疗辅助产品"的优化设计方向。

此次设计实践的内容有两项：1.以产品基本需求的前提条件为创新假设的产品优化设计；2.以产品现有需求的前提条件为假设的产品优化设计。这两项设计的完成既是对笔者提出的产品优化创新设计实现路径的验证，同时也是对产品优化创新设计前提条件假设方法的检验。

笔者经过设计调研发现，小臂截肢的残障人群对医疗辅助器具存在很大的需求空间，并且，现有的物理技术已经能够解决肌电信号交流与反馈的问题。这些作为已知设计基点的前提条件，启发了笔者对该类医疗辅助产品的优化创新。

肌电类假肢调研：肌电类假肢是手臂截肢者所需求的产品，也属于医疗辅助产品的重要方向。肌电类假肢不同于索控假肢（武继祥，2012），肌电类假肢的驱动力源于电池，传动系统依靠电机、舵机，对肌电假肢的控制源于输入方式（包含按键输入、语音输入、肌电信号输入等）。当下的肌电假肢的研发前沿主要集中在肌电信号、神经信号控制的肌电假肢领域（何荣荣，2020；方新，2019），主要关注微处理器和传感器的智能化控制、仿生技术的改善、人造神经与接口技术、接受腔技术、新型材料的应用等技术的研究（黄英、武继祥，2011）。肌电假肢是综合了各类前沿科技的产品。

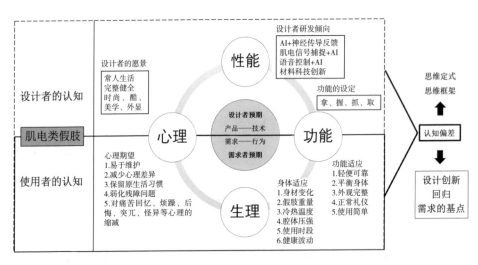

图5-12　肌电假肢产品设计者与使用者的认知偏差
注：作者自绘

但在以往的肌电假肢研究中，肌电假肢的介入常常给使用者带来适应性和心理上的排斥。笔者认为，这是由于设计者的设计"语境"与使用者的使用"语境"两者间的"认知偏差"造成的，并且，肌电假肢科技的创新并没有解决此类问题，如图5-12所示。

设计者在假肢设计中常常以功能及性能作为假肢需求基点，进行假肢仿生化、灵活化的提升，并且致力于技术创新，而这些基于设计者问题发现的优化设计并不能完全改善使用者

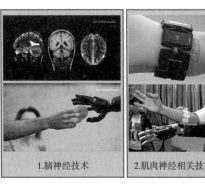

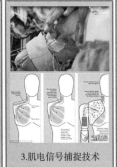
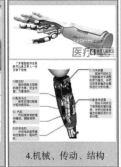

| 1.脑神经技术 | 2.肌肉神经相关技术 | 3.肌电信号捕捉技术 | 4.机械、传动、结构 | 5.适配性 |

图5-13　肌电假肢原始前提条件的问题分析
注：笔者根据网络相关资料整理

的生理需求和心理需求，过度追求技术问题的突破使设计者的思维陷入了思维定式，进而忽略了需求创新的发现。所以，这个实践的目的也是想检验上一章开始笔者所谈到的"创新回归需求基点"的理念 。

如上文所述，首先，笔者围绕肌电假肢的"功能""物理结构"及"行为背景"的原始需求构建了产品基本需求的因果分析，得到了肌电假肢类产品5个原始需求的问题：1.脑神经技术的问题；2.肌肉神经相关技术的问题；3.肌电信号捕捉技术方面的问题；4.机械、传动、结构等功能方面的问题；5.假肢的适配性及使用情境方面的问题。如图5-13所示。

接下来，笔者将原始需求的5个问题分析带入基本需求基点的三个前提，即"使用者""肌电假肢""肌体部分"，构建了基本需求的因果推理，进而引入了优化创新设计思维假设空间模型。整个设计思维空间模型如图5-14所示。

笔者通过肌电假肢类产品需求基点三个前提条件的双向因果推理进行了新前提条件的搜索：在断肢者和假肢的功能需求方面，发现了物理平衡训练、信号反馈训练、皮肤VR技术触感等前提条件；在肌电假肢与肌体境况之间发现了佩戴条件、身体条件、佩戴时间、健康程度等前提条件；在肌体境况和断肢者之间搜索到习惯养成、适应时间、缺点弱化、肌体激活等前提条件。进而，笔者通过对肌电假肢原始需求前提条件的整体替换，在三个需求前提间构建了新前提条件的假设推理关系（如图5-14中下划线所标注），引发了设计基点的变革，重构了肌电假肢产品使用者的需求基点。

笔者在断肢者、肌体境况及肌电类假肢产品三个前提之间针对用户在假肢佩戴前的配型、平衡训练及适应性等系列问题，提出一个新的医疗辅助产品基本需求，假设了一款中介的产品，笔者将其命名为"'Awake'——断肢适配装置"，如图5-15所示，目的在于解决小臂截肢用户佩戴假肢前期的心理、生理、训练等适配性问题，使其提前介入肢体残障者的

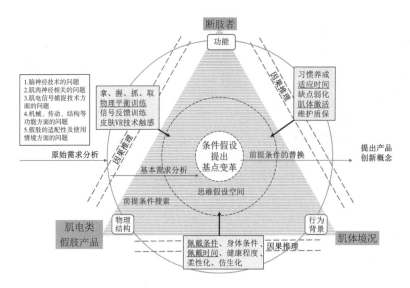

图 5-14　肌电假肢设计的假设思维空间模型及前提条件的搜索

注：作者自绘

图 5-15　"Awake"——断肢适配装置

注：作者自绘

生活，在佩戴真实的肌电假肢之前对使用者的断肢处进行锻炼、激活，同时满足使用者对重量、平衡、心理等佩戴适应方面的需求，增加使用者的健康医疗辅助及家庭护理的服务设计体验。

如图5-16所示，在物理结构方面，笔者又添加了新的科技条件：3D打印接受腔技术可以实现残障使用者断肢部分的定制化设计；可变性柔性电子材料在电力驱动下，可以对残余断肢部分的具体形状进行适配性地包裹，实现随意摘取佩戴；皮肤VR技术可以做到对患者断肢部分的肌电信号进行收集，并经过长期跟踪形成断肢部位神经网络数据，进一步为使用者的肌电假肢定制提供医疗数据分析和支持，为将来更好地配型肌电假肢做准备。

笔者将断肢适配装置的外形设计成流线型，这样处理是保证产品佩戴后与断肢结合部分重心尽量靠近断肢的肘部，保证产品前端重量的减轻和集中，如图5-17产品外观模型模拟佩戴所示。使用者在佩戴期间可以轻松地举起适配器，并可在平时与物体接触时找到准确的触点，减小了产品对断肢的压力，保证了日常佩戴的使用频率和简捷的使用体验。

本设计是产品优化创新设计思维与方法的实践检验，体现了产品前提条件替换、添加的假设方法的并用，同时也是对"由果及因"的产品优化创新设计实现路径的检验，通过对产品基本需求的因果分析，重建因果推理为假设推理，提出了产品基本需求的创新。

5.2.2.2　以现有需求为基点的产品优化创新设计实践

本小节的设计实践是针对产品现有需求的优化创新设计，此次笔者将产品的需求人群设定为下肢瘫痪的残障群体。笔者在医疗辅具的调研中发现，作为下肢残障辅助工具的"直立轮椅"产品在技术上和功能上已经达到成熟的状态，如图5-18所示，这就导致设计者的设计经验大量聚焦在此类产品的功能、结构、形式方面的优化。这种基于问题解决的优化设计思维使轮椅的设计走向趋同，设计者的设计思维陷入了定式，缺乏创新。

根据前文笔者对产品优化创新设计思维方法的分析策略，如图4-16所示，现有需求是由使用者、产品、使用境况三个前提条件的相互因果关系形成。在直立轮椅优化创新设计中，

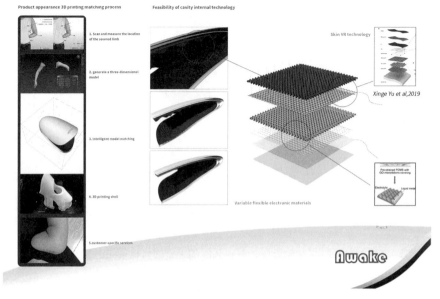

图 5-16　"Awake"——断肢适配装置的技术前提条件引入

注：作者自绘

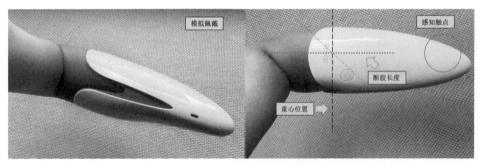

图 5-17　"Awake"断肢适配装置外观模型及模拟佩戴

注：作者拍摄

图 5-18　直立轮椅的市场调研

注：作者根据网络资料整理

笔者构建了"下肢残障患者""轮椅""使用境况"三者间的假设思维空间模型及前提条件的搜索，如图5-19所示。

在假设思维空间模型中，由行为和性能之间构成了行走、站立、尺寸、舒适、操控系统、辅助康复、电力供应系统等前提条件的因果推理，由行为和环境之间构成了操作性、无障碍、平等、心理暗示、适应性、突兀性、美观等活动境况下的前提条件的因果推理，由性能和环境之间构成了使用环境、使用时间、地理条件、移动方式、空间限制等前提条件的因果推理。

笔者搜索到可以进行直立轮椅条件添加的前提，如下画线所标注的关键词，并通过这些关键词构建了产品创新的需求假设。

在轮椅与使用境况之间，笔者设想：在发达国家，残障人士在办公岗位的工作是一种公益事业建设的体现，弱化残障人士与健康人士的社会就业、分工差别也是国家社会文明进步的标志。除了公共事业环境，笔者假设在商业环境下，下肢残障者是一位商业办公人员，他的工作环境即成为轮椅使用的一个前提条件，因为每天他在工作岗位的时间可能会达到8小时，如果在一个现代办公室环境下，这位使用者是否需要一台特殊的轮椅作为其工作时的办公座椅？所以笔者假设添加了"办公环境和办公时段内使用"这一使用境况（语义）的前提条件。

在使用行为和轮椅间，笔者设想：下肢残障人士在每天8小时的工作时间内，大部分时间需要坐姿办公，这种情况下，偶尔的立姿工作或平躺休息对其下肢肌肉的锻炼和放松是有健康辅助功能的。因此，现有的直立轮椅的技术和功能即可满足残障人士的办公需求。所以在办公座椅产品性能方面，笔者假设添加了康复辅助的前提条件，设想现有技术性能符合前一个使用境况假设的推理。

在使用行为和使用境况间，笔者设想：现有的直立轮椅在办公条件下被残障人士使用时，由于体积庞大、机械结构外露，会凸显残障人士肢体残缺的事实，并且增加与健肢人群的使用行为对比度，造成使用者的心理问题。而现有的轮椅在尺寸和样式上很难与现代的办公环境融合，在工作中也会放大残障人士的肢体问题。所以，笔者添加了降低残疾问题的突

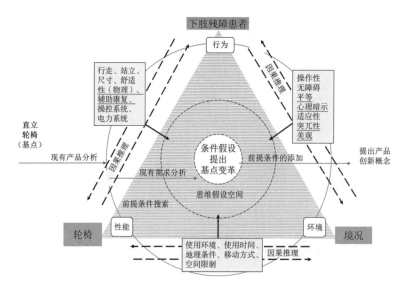

图 5-19 直立轮椅设计的假设思维空间模型及前提条件的搜索
注：笔者自绘

Office wheelchair
办公轮椅

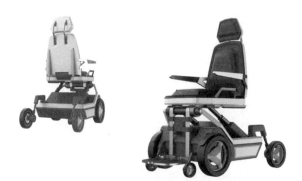

图 5-20 Office wheelchair 办公轮椅
注：笔者设计完成

兀性、塑造与健肢人士平等的工作状态，并且造型接近办公座椅的前提条件假设。

基于以上三点的前提分析及前提条件添加的假设，笔者认为：直立轮椅的优化设计与办公环境的统一，会令使用者在办公的语境下更增加个人和工作的自信，很大程度地解决了心理问题。进而，笔者提出一款基于现有需求的产品优化创新设计，并将此设计命名为"Office wheelchair——办公轮椅"，最终的设计如图5-20所示。

本设计是产品优化创新设计思维与方法的再次实践检验，体现了产品前提条件添加的思维假设方法的应用，同时也是对"由果及因"的产品优化创新设计实现路径的检验。通过对优化设计的现有需求的因果分析，重建因果推理为假设推理，引发了产品设计基点内前提条件的变革，进而提出了产品现有需求的创新。

第六章　结论与展望

6.1　结论

本研究主要以心理学的反事实理论及管理学的优化设计理论为支撑，同时在对创新、创造学的相关理论进行研究后，将反事实理论导入产品优化设计研究，为优化设计中设计者的直觉启发、反省与假说搭建了思维推理的形式逻辑框架，通过文献法、溯因法、个案研究法、案例分析、实验研究、实践研究等研究方法，对产品优化设计的思维、路径及方法进行了理论的构建和检验，并获得了以下研究成果：

首先，通过反事实理论对优化设计进行溯因分析得出：问题解决的优化设计是"由因及果"的思维过程，而创新的优化设计是"由果及因"的思维过程，两者呈现不同的思维路径，并且强调"由果及因"的优化思维是一个"假设提前"的过程，通过反事实理论构建了优化设计思维模型。

其次，通过基于反事实理论的优化设计思维模型，借助产品设计的个案研究和实验研究证明了反事实思维在产品优化设计中对设计者创造力的重要启发作用，包含启发设计者的问题推理和假设推理，进而推进了"设计启发式"的理论研究深度。

再次，构建了产品设计的需求模型，发现了在产品基本需求与产品现有需求之间由问题解决构成的"由因及果"的思维循环是设计者思维定式产生的主要原因，并指出产品优化创新要求设计者跳出这种思维循环，进而重构一种"由果及因"的思维路径。

最后，提出产品优化创新设计的两条实现路径以及产品优化创新设计的方法和步骤，其中包含产品优化创新设计思维方法的分析策略和产品优化创新设计思维假设空间模型的构建，还通过反事实思维前提条件假设的三种形式及前提条件假设的启发方式提出了产品优化创新设计前提条件的添加、消除、替换及改善、增强、修复的假设方法，并通过设计实验和设计实践验证了以上理论的可行性。

6.2 研究展望

本研究在国内首次将反事实思维及理论引入设计学研究，从理论构建和思维方法创新的角度，推进了美国密歇根大学四位学者提出的设计启发式的研究深度。设计启发式的研究来自心理学的思维启发式研究，即人类在不确定的情况下应用判断往往依赖于简化的启发式，本研究是建立在模拟性启发基础之上对设计者思维推理和假设的深入研究。

在国外，设计启发式的研究得到了心理学研究学者的支撑，并已经进行了10多年，扩散出多个研究分支，通过实验和数据证明设计启发式在启发设计者的创新、创造力方面均有着明显的效果。在我国，设计启发式的研究还没有形成系统的研究模式，少有学者把设计启发式研究作为设计思维研究的一种手段，所以，本文期望能有更多领域的学者参与设计启发式的研究，并能够通过理论研究及实证研究来构建设计启发式的有效论证。

在优化设计方面，管理学强调的是优化设计的思维变革，设计学强调的是设计创新，这两者并不矛盾，甚至可以说是思维和方法的统一，设计创新研究更讲求的是方法的构建，进而去指导设计实践。故此，针对产品设计的需求创新，本文对大量的产品优化创新设计案例进行归纳、分析、阐述，最终构建了一套产品优化创新设计方法，提升了优化设计在设计创新研究领域的理论价值。

当然，本文对优化设计的研究主要是基于心理学的思维启发，这与设计启发式的研究是平行深入的，对于优化设计的研究还可以扩展。设计实践领域离不开优化创新，如果说创新是"有中生新"，那么优化则是"新中生优"的再创新过程，创新与优化既是平行的，又是递进的，这些构成了优化设计的价值，因此需要更多的学者对其进行研究、探讨、发掘，进而形成专业的理论研究范式。

本研究属于跨学科、跨方法的研究，并构建了多个理论模型和思维路径，但是在细节方面仍有待补充和修正，并且关于研究方法的专业性和样本的范围都有待进一步的提升，在理论指导实践的有效性和创新性方面，都有待更多学者的参与、讨论和验证。

参考文献

[1] 三浦展.第四消费时代 [M].马奈,译.北京:东方出版社,2014.

[2] 工业设计."重新设计":冰箱 [EB/OL]. https://mp.weixin.qq.com/s/KDG51VQ8tLNc UKptOBVnLtA,2021.

[3] 工业设计."2021 设计趋势":环保设计 [EB/OL]. https://mp.weixin.qq.com/s/ eHIIb6owrF140KQYgtf Vfw,2021.

[4] 王可越,税琳琳,姜浩.设计思维创新导引 [M].北京:清华大学出版社,2017.

[5] 王策."因果"与"逻辑":对《逻辑哲学论》中"因果律"命题的解析 [J].延安大学学报(社会科学版),2011,33(05):35-39.

[6] 王富伟.个案研究的意义和限度:基于知识的增长 [J].社会学研究,2012,27(05):161-183,244-245.

[7] 王庆英.浅论创新思维形式的逻辑特征 [C]//北京市逻辑学会.逻辑教学·知识创新·素质教育研讨会论文集.北京师范大学,2001:14.

[8] 王潇娴.基于视觉传达设计领域的互补设计方法研究 [D].南京艺术学院,2015.

[9] 王潇娴.《互补设计方法》结构解析 [J].设计,2016(22):3.

[10] 跃新,赵迪,王叶.创新思维发生及运行机制探赜 [J].吉林大学社会科学学报,2015,55(05):102-106,173-174.

[11] 中西元男,王超鹰.21 世纪顶级产品设计 [M].张迎星,谢时新,王超鹰,等译.上海:上海人民美术出版社,2005.

[12] 中国知网.优化与创新主题文章发表年度检索 [EB/OL].http://new.gb.oversea.cnki. net,2019.

[13] 中国知网.优化设计的研究层次分布检索 [EB/OL].http://new.gb.oversea.cnki.net,2019.

[14] 内田和成.假说思考 [M].林慧如,译.台北:经济新潮社,2014.

[15] 方新.假肢学 [M].北京:中国社会出版社,2019.

[16] 方晓风.设计研究新范式:《装饰》优秀投稿论文(2013-2017)[M].上海:上海

人民美术出版社，2018.

[17] 尹翠君，任立昭，何人可.论设计创新思维的启发式 [J].包装工程，2007（09）：118-119，136.

[18] 孔祥天娇.原案分析：认知科学视域下设计思维的研究方法 [J].山东工艺美术学院学报，2018（03）：79-82.

[19] 世界工业设计大会（WIDC）.WIDC_世界工业设计大会_国际产业博览会 [EB/OL].https://www.widc2016.com，2020-10-12.

[20] 艾科夫，马吉德松，艾迪生.优化设计：如何化解企业明日的危机 [M].刘宝成，译.北京：中国人民大学出版社，2009.

[21] 沃尔特·艾萨克森.史蒂夫·乔布斯传 [M].管延圻，魏群，余倩，赵萌萌，译.北京：中信出版社，2011.

[22] 弗朗西斯科·左罗，卡比日奥·考特拉，孙志祥，等.不同叙事框架下的设计策略 [J].创意与设计，2016（03）：4-13.

[23] 理查德·布坎南，维克多·马格林.发现设计：设计研究探讨 [M].周丹丹，刘存，译.南京：江苏凤凰美术出版社，2010.

[24] 克里斯·布里顿.需求设计：构建用户想要和需要的产品 [M].爱飞翔，译.北京：机械工业出版社，2017.

[25] 蒂姆·布朗.IDEO，设计改变一切：设计思维如何变革组织和激发创新 [M].侯婷，译.沈阳：万卷出版公司，2011.

[26] 加里·R.卡比，杰弗里·R.古德帕斯特.思维：批判性和创造性思维的跨学科研究（第4版）[M].韩广忠，译.北京：中国人民大学出版社，2010.

[27] 丹尼尔·卡尼曼.思考，快与慢 [M].胡晓姣，李爱民，何梦莹，译.北京：中信出版社，2012.

[28] 乔纳森·卡根，克莱格·佛格尔.创造突破性产品：揭示驱动全球创新的秘密 [M].

辛向阳，王晰，潘龙，译．北京：机械工业出版社，2018.

[29] 央视网．吉祥物诞生记 [EB/OL].http://sports.cctv.com/2019/09/18/VIDE9JWjSRpBh OJbWG9v1Cdg190918.shtml，2019-12-15.

[30] 白星星．用设计推动生产力发展首届世界工业设计大会在杭州召开 [J].中国会展，2016（24）：16.

[31] J. 皮亚杰，B. 英海尔德．儿童心理学 [M].吴福元，译．北京：商务印书馆，1980.

[32] 格尔德·吉仁泽．直觉思维：如何构筑你的快速决策系统 [M].余莉，译．北京：北京联合出版公司，2018.

[33] 赫伯特·西蒙．人工科学 [M].武夷山，译．北京：商务印书馆，1987.

[34] 赫伯特·西蒙．人类活动中的理性 [M].胡怀国，冯科，译．桂林：广西师范大学出版社，2016.

[35] 如影智能科技．如影智能星厨 [EB/OL].https://www.knowin.com/kitchen-robot/index.html，2021-3-5.

[36] 约翰·杜威．思维的本质 [M].孟宪承，俞庆棠，译．北京：台海出版社，2018.

[37] 51design 我要设计．模块化设计如何玩出新花样 [EB/OL].https://mp.weixin.qq.com/s/hTAYIqGboBUeMdQH60vXyQ，2021-5-23.

[38] 奈杰尔·克罗斯．设计师式认知 [M].任文永，陈实，译．武汉：华中科技大学出版社，2013.

[39] 李立新．设计艺术学研究方法 [M].南京：江苏凤凰美术出版社，2010.

[40] 李立新．重构造物的模仿理论：紫砂器形的来源 [J].创意与设计，2012（01）：71-76.

[41] 李仲周.WTO 改革须和第四次工业革命相辅相成 [J].可持续发展经济导刊，2019（08）：63.

[42] 李芳芳．结果、过程与评估视角下的消费者后悔研究 [D].西南交通大学，2010.

[43] 李彦.产品创新设计理论及方法 [M].北京：科学出版社，2012.

[44] 李彦，刘红围，李梦蝶，等.设计思维研究综述 [J].机械工程学报，2017，53（15）：1−20.

[45] 李菲菲，刘电芝.口语报告法及其应用研究述评 [J].上海教育科研，2005（01）：39−41，44.

[46] 李开复.AI·来 [M].杭州：浙江人民出版社，2018.

[47] 杨海英.优化教学过程的关键是激活学生的思维 [J].学周刊，2011（09）：144.

[48] 吴东.北京冬奥会、冬残奥会吉祥物诞生记 [J].人民周刊，2019（18）：16−17.

[49] 吴志军.基于产品符号认知的创新设计过程模型构建与应用研究 [D].江南大学，2011.

[50] 保罗·利迪，珍妮·埃利斯·奥姆罗德.实证研究：计划与设计（原书第 10 版）[M].吴瑞林，史晓晨，译.北京：机械工业出版社，2015.

[51] 何荣荣.上肢假肢肌电控制技术 [M].南京：东南大学出版社，2020.

[52] 何剑峰.基于"事理学"理论的产品创新开发模糊前端设计方法研究 [D].湖南大学，2009.

[53] 何晓佑.中国传统器具设计智慧启迪现代创新设计 [J].艺术百家，2010，26（06）：118−123.

[54] 何晓佑.佑文集：工业设计理论方法与教育研究 [M].南昌：江西美术出版社，2012.

[55] 佐藤可士和，斋藤孝.佐藤可士和：我的创意新规则 [M].胡静，译.北京：企业管理出版社，2015.

[56] 辛向阳.设计的蝴蝶效应：当生活方式成为设计对象 [J].包装工程，2020，41（06）：57−66.

[57] 辛向阳，王晰.服务设计中的共同创造和服务体验的不确定性 [J].装饰，2018（04）：74−76.

[58] 辛向阳, 曹建中. 定位服务设计 [J]. 包装工程, 2018, 39（18）: 43-49.

[59] 张娇, 罗娇. 优化思维与月亮隐喻 [J]. 中国教育研究论丛, 2007.

[60] 张凯. 产品设计中的认知模式研究 [D]. 南京艺术学院, 2019.

[61] 约翰·阿代尔. 创新者: 写给创业者的 21 条实用指南 [M]. 吴爱明, 陈晓明, 译. 北京: 中国人民大学出版社, 2018.

[62] 武继祥. 假肢与矫形器的临床应用 [M]. 北京: 人民卫生出版社, 2012.

[63] 詹姆斯·亚当斯. 思维革新: 创造的实践 [M]. 藏英年, 李昆峰, 译. 北京: 中国社会科学出版社, 1998.

[64] 苗永娟. 引导反思学习 优化思维结构 [J]. 课程教育研究, 2016（27）: 2.

[65] 林鸿. 思维的习得与设计的见地 [J]. 包装工程, 2017, 38（12）: 235-238.

[66] 周可真. 科学的创新思维和直觉方法 [J]. 学术界, 2015（11）: 55-61.

[67] 周国梅, 荆其诚. 心理学家 Daniel Kahneman 获 2002 年诺贝尔经济学奖 [J]. 心理科学进展, 2003（01）: 1-5.

[68] 迈克尔·波特. 国家竞争优势（上）[M]. 李明轩, 邱如美, 译. 北京: 中信出版社, 2012.

[69] 迈克尔·波特. 国家竞争优势（下）[M]. 李明轩, 邱如美, 译. 北京: 中信出版社, 2012.

[70] 胡竹菁. "命题推理"的心理学研究综述 [J]. 心理学探新, 1999（01）: 28-35.

[71] 柳冠中. 事理学: 创新设计思维方法 [M]// 杭间. 设计史研究: 设计与中国设计史研究年会专辑. 上海: 上海书画出版社, 2007: 29-44.

[72] 侯悦民, 季林红, 金德闻. 设计的科学属性及核心 [J]. 科学技术与辩证法, 2007（03）: 23-28, 61+110.

[73] 洪巧英, 薛泽海. 创新思维的超越性及创新能力开发 [J]. 理论视野, 2017（09）: 84-87.

[74] 活动行.设计互联：英国 V&A 馆藏精华展"设计的价值"[EB/OL]. https://www.huodongxing.com/event/3482496174911，2019-5-21.

[75] 姚计海."文献法"是研究方法吗：兼谈研究整合法 [J].国家教育行政学院学报，2017（07）：89-94.

[76] 红点设计博物馆.红点产品设计大奖 [EB/OL].http://www.red-dot.cn/index.php?a=show&m=Zhanlan&id=409，2021.

[77] 红点设计博物馆.红点设计概念大奖 [EB/OL].http://www.red-dot.cn/index.php?a=show&m=Zhanlan&id=16，2021.

[78] 贝拉·马丁，布鲁斯·汉宁顿.通用设计方法 [M].初晓华，译.北京：中央编译出版社，2013.

[79] 马云飞.错过购买后不行动后悔的形成机制及影响研究 [D].南开大学，2012.

[80] 夏振鲁.思维环境及其优化 [C]// 陈国华.思维丛书（第二辑）：优化思维、提升智慧（下）.南京：凤凰出版社，2012：847-858.

[81] 时迪.协同设计中的沟通方法研究 [D].南京艺术学院，2017.

[82] 毕鸿燕，方格，王桂琴，等.演绎推理中的心理模型理论及相关研究 [J].心理科学，2001（05）：595-596.

[83] 师保国，李乐.创新思维的动态分析：基于生成：选择模型的思考 [J].人民教育，2019（05）：9-52.

[84] 卿素兰，方富熹.反事实思维与情绪的关系 [J].中国心理卫生，2006（10）：692-694.

[85] 唐林涛.设计事理学理论、方法与实践 [D].清华大学，2004.

[86] 唐艺.设计的"原动力"研究 [D].南京艺术学院，2017.

[87] 陈子瑜，曹雪.冬奥会吉祥物的设计探讨：以北京冬奥会吉祥物"冰墩墩"为例 [J].美术学报，2020（03）：18-23.

[88] 陈友骏."第四次工业革命"与日本经济结构性改革：新理念的产生、引入与效果评估 [J]. 日本学刊，2018（02）：87-108.

[89] 陈江涛. 决策后悔的特征与形成机制研究 [D]. 浙江大学，2008.

[90] 陈其荣. 技术创新的哲学视野 [J]. 复旦学报（社会科学版），2000（01）：14-20，75.

[91] 陈俊，贺晓玲，张积家. 反事实思维两大理论：范例说和目标：指向说 [J]. 心理科学进展，2007（03）：416-422.

[92] 陈湘纯，傅晓华. 论创新思维的哲学内涵 [J]. 科研管理，2003（01）：10-14.

[93] 陈寿. 三国志 [M]. 北京：中国文史出版社，2003.

[94] 陈满琪. 决策中后悔的神经机制研究 [D]. 首都师范大学，2008.

[95] 陈鹏，黄荣怀. 设计思维带来什么：基于 2000-2018 年 WOS 核心数据库相关文献分析 [J]. 现代远程教育研究，2019，31（06）：102-111.

[96] 孙伟平. 优化思维论 [J]. 北方工业大学学报，1994（02）：41-48.

[97] 凯娜·莱斯基. 创造力的本质 [M]. 王可越，译. 北京：北京联合出版公司，2020.

[98] 中国互联网数据资讯网. 第四次工业革命：制造业技术创新之光 [EB/OL].http://www.199it.com/archives/827826.html，2019-12-15.

[99] Don K.Mak，Angela T.Mak，Anthony B.Mak. 像科学家一样思考：运用科学方法解决日常问题 [M]. 张云，译. 北京：人民邮电出版社，2010.

[100] 曹建中，辛向阳. 服务设计五要素：基于戏剧"五位一体"理论的研究 [J]. 创意与设计，2018（02）：59-64.

[101] 康晓玲. 创新思维与创新能力 [M]. 北京：电子工业出版社，2015.

[102] 张同. 设计思维与方法 [M]// 中国环境艺术设计谈论：东华大学中国环境艺术设计学术年专家讲演集. 北京：中国建筑工业出版社，2007：224-242.

[103] 张坤. 幼儿反事实思维的发展及其与心理理论的关系研究 [D]. 华东师范大学，2005.

[104] 张明. 从"中国样式"到"中国方式" [D]. 南京艺术学院，2016.

[105] 张晋菁 . 考虑消费者预期后悔的产品定价研究 [D]. 山西大学，2018.

[106] 张裕鼎 . 有关口语报告法效度的几个争议问题 [J]. 宁波大学学报（教育科学版），2007（06）：25-28.

[107] 张结海，朱正才 . 归因是怎样影响假设思维的 [J]. 心理学报，2003（02）：237-245.

[108] 张义生 . 论创新思维的本质 [J]. 中共中央党校学报，2004（04）：29-32.

[109] 张庆林 . 人类思维心理机制的新探索 [J]. 西南师范大学学报（人文社会科学版），2000（06）：112-117.

[110] 张晓芒 . 创新思维的逻辑学基础 [J]. 南开学报，2006（06）：88-96.

[111] 产品设计作品集 . 可带上飞机的轮椅 [EB/OL].https://mp.weixin.qq.com/s/MqQQ5Ghla9lZqOenllrbnw，2021-2-27.

[112] 设计赛 . 揭晓：2020 红点设计概念大奖户外运动类获奖作品赏析 [EB/OL].https://mp.weixin.qq.com/s/ErObIgyQ79XYHXupCAmHCQ，2020-10-28.

[113] 搜狐·Fit 健身 . 穿上假肢的她，依然可以飞翔！[EB/OL].https://www.sohu.com/a/129430234_425807，2017-3-20.

[114] LOGO 大师 . 反人类设计看多了？这些神创意很暖！[EB/OL].https://www.sohu.com/a/454530953_183589，2021-3-7.

[115] 搜狐网·爱老人吧 . 哈佛教授实验证明：相信自己年轻，身体会真变年轻 .https://www.sohu.com/a/213975056_213818，2018-1-1.

[116] 贝蒂塔·范·斯塔姆，陈伟 . 伦敦商学院企业创新教程 [M]. 刘寅龙，译 . 北京：中国财政经济出版社，2007.

[117] 罗伯特·J. 斯滕博格 . 创造力手册 [M]. 施建农，译 . 北京：北京理工大学出版社，2005.

[118] 黄英，武继祥 . 实用假肢研发进展和现况 [C]// 中国康复医学会康复治疗专业委员会 . 中国康复医学会康复治疗专业委员会康复辅助器具学组成立暨全国康复辅助器具学术研

讨会论文汇编.四川大学华西临床医学院；第三军医大学附属西南医院康复专科医院，2011：6.

[119] 黄波涛.也谈"三人行必有我师"[J].孔子研究，1987（04）：127-128.

[120] 万千个，林存真.多重语境下的符号构建：冬奥会吉祥物冰墩墩设计实践研究[J].艺术设计研究，2021（03）：68-72.

[121] 弗兰克·惠特福德.包豪斯[M].林鹤，译.北京：生活·读书·新知三联书店,2001.

[122] 智库·百科.优化设计[EB/OL].https://wikimbalib.com/zh-tw/%E4%BC%98%E5%8C%96%E8%AE%BE%E8%AE%A1#.E4.BB.80.E4.B9.88.E6.98.AF.E4.BC.98.E5.8C.96.E8.AE.BE.E8.AE.A1，2019.

[123] 梁艳，赵文瑾，程军生.艺术设计理论的多维度研究[M].北京：中国书籍出版社，2014.

[124] 童慧明，徐岚.100年100位家具设计师[M].广州：岭南美术出版社，2006.

[125] 蒲再红.优化求异问题设计，启发学生创新思维[J].时代教育，2017，18（09）：183.

[126] 杨红升，黄希庭.关于反事实思维的研究[J].心理学动态，2000（03）：12-18.

[127] 杨跃.测时法与口语分析法的比较[J].南京师大学报（社会科学版），1994（03）：35-40.

[128] 新浪博客.刀锋战士：世界级的短跑选手，书写体育盛事新篇章[EB/OL].http://blog.sina.com.cn/s/blog_7f5f952701016tlz.html，2012-8-14.

[129] 詹泽慧，梅虎，麦子号，等.创造性思维与创新思维：内涵辨析、联动与展望[J].现代远程教育研究，2019（02）：40-49+66.

[130] 冰雪晶莹点亮梦想：北京冬奥会、冬残奥会吉祥物诞生记[J].工会博览，2019（29）39-41.

[131] R.L.福克斯.工程设计的优化方法[M].张建中，诸梅芳，译.北京:科学出版社.1981.

[132] 卡勒姆·蔡斯.人工智能革命：超级智能时代的人类命运[M].张尧然，译.北京：

机械工业出版社，2017.

[133] 蒋勇. 虚拟思维在会话中的功能 [J]. 外语学刊，2004（03）：16-23+112.

[134] 齐藤嘉则. 发现问题的思考术 [M]. 郭菀琪，译. 香港：经济新潮社，2009.

[135] 郑丹丹. 想象力与确定性：个案与定量研究的关系辨析 [J]. 求索，2020（01）：179-187.

[136] 宁朝山. 工业革命演进与新旧动能转换：基于历史与逻辑视角的分析 [J]. 宏观经济管理，2019（11）：18-27.

[137] 约瑟夫·熊彼特. 经济发展理论 [M]. 何畏，易家祥，译. 北京：商务印书馆，2015.

[138] 邓嵘. 健康设计思维方法及理论建构 [D]. 南京艺术学院，2017.

[139] 网易体育. 解密刀锋战士如何跑步：假肢设计模仿猎豹后脚跟 [EB/OL].https://m.163.com/news/article/8O571SOG000509NH.html，2013-2-20.

[140] 维特根斯坦. 逻辑哲学论 [M]. 贺绍甲，译. 北京：商务印书馆，1996.

[141] 爱德华·德·博诺. 六顶思考帽：如何简单而高效的思考 [M]. 马睿，译. 北京：中信出版社，2016.

[142] 爱德华·德·博诺. 水平思考：如何开启创造力 [M]. 王瑶，译. 北京：中国人民大学出版社，2018.

[143] 德鲁克. 创新与创业精神：管理大师谈创新实务与策略 [M]. 张炜，译. 上海：上海人民出版社，2002.

[144] 刘平云. 民族性与世界性：论北京冬奥会吉祥物的时代特征 [J]. 美术观察，2020（05）：74-75.

[145] 刘克俭，张颖，王生. 创造心理学 [M]. 北京：中国医药科技出版社，2005.

[146] 刘波. 顾客交易价值损失及后悔对其抱怨倾向的影响 [D]. 西南交通大学，2007.

[147] 刘恒. 从"模仿到创新"：通过经典产品、家具案例谈优化设计思维 [J]. 美术大观，2019（09）：150-152.

[148] 唐纳德·诺曼，罗伯托·韦尔甘蒂，辛向阳，等.渐进性与激进性创新：设计研究与技术及意义变革 [J].创意与设计，2016（02）：4-14.

[149] 罗赞·萨玛森，马拉·L.埃尔马诺.关键创造的艺术：罗得岛设计学院的创造性实践 [M].李清华，译.北京：机械工业出版社，2015.

[150] 斯蒂芬·霍金，列纳德·蒙洛迪诺.大设计 [M].吴忠超，译.长沙：湖南科学技术出版社，2011.

[151] 约翰·霍金斯.新创意经济 3.0[M].王瑞军，王立群，马辰雨，译.北京：北京理工大学出版社，2018.

[152] 迈克尔·G.卢克斯，K.斯科特·斯旺，阿比·格里芬.设计思维：PDMA 新产品开发精髓及实践 [M].马新馨，译.北京：电子工业出版社，2018.

[153] 卢晖临，李雪.如何走出个案：从个案研究到扩展个案研究 [J].中国社会科学，2007（01）：118-130，207-208.

[154] 魏娜，辛向阳.中美两国老年人在城市公共空间中的用户行为比较研究 [J].创意与设计，2017（05）：71-76.

[155] 彼得·罗.设计思考 [M].张宇，译.天津：天津大学出版社，2008.

[156] E.M.罗杰斯.创新的扩散（第五版）[M].唐兴通，郑常青，张延臣，译.北京：电子工业出版社，2016.

[157] 权立枝.创新思维的耗散结构理论分析 [J].理论探索，2010（03）：35-37.

[158] artpower100. The 2019 DESIGN POWER 100 list officially announced[Online forum comment][EB/OL]. [2020-3-12]. http://www.artpower100.com/newsitem/278476647.

[159] Byrne R M J, Johnson-Laird P N. Spatial reasoning[J]. Journal of memory and language, 1989, 28(5): 564-575.

[160] Buchanan R. Wicked problems in design thinking[J]. Design issues, 1992, 8(2): 5-21.

[161] Byrne R M J, McEleney A. Counterfactual thinking about actions and failures to act[J].

Journal of Experimental Psychology: Learning, Memory, and Cognition, 2000, 26(5): 1318.

[162] Christian J, Daly S, McKilligan S, et al. Design heuristics support two modes of idea generation: initiating ideas and transitioning among concepts[J]. 2012.

[163] Costello F J, Keane M T. Efficient creativity: Constraint - guided conceptual combination[J]. Cognitive Science, 2000, 24(2): 299−349.

[164] Crilly N. The structure of design revolutions: Kuhnian paradigm shifts in creative problem solving[J]. Design issues, 2010, 26(1): 54−66.

[165] Cross N. Designerly Ways of Knowing: Design Discipline versus Design Science[J]. Design Issues, 2001, 17(3): 49−55.

[166] Cross N. Editorial: Design as a discipline. Design Studies, 2019, 65(06): 1−5.

[167] DALY R S, CHRISTIAN L J, YILMAZ S, et al. Assessing Design Heuristics for Idea Generation in an Introductory Engineering Course[J]. The international journal of engineering education,2012,28(2): 463−473.

[168] DALY R S, Yilmaz S, Seifert C, et al. Cognitive heuristic use in engineering design ideation[C]//2010 Annual Conference & Exposition. 2010: 15.282. 1−15.282. 25.

[169] DALY R S, Mckilligan S, Studer J A, et al. Innovative Solutions through Innovated Problems[J]. INTERNATIONAL JOURNAL OF ENGINEERING EDUCATION,2018,34(2):695−707.

[170] Dyson.Dyson AM04 Heater (Iron/Blue)[EB/OL]. [2021−3−18]. https://www.dyson.co.uk/support/journey/guides/22113−01?machineId=22113−01.

[171] Epstude K.The Functional Theory of Counterfactual Thinking[J]. Personality and Social Psychology Review, 2008, 12(2): 168−192.

[172] Gavanski I, Wells G L. Counterfactual processing of normal and exceptional events[J]. Journal of experimental social psychology, 1989, 25(4): 314−325.

[173] Gleicher F, Kost K A, Baker S M, et al. The role of counterfactual thinking in judgments

of affect[J]. Personality and Social Psychology Bulletin, 1990, 16(2): 284-295.

[174] Glickman R. Optimal thinking: How to be your best self[M]. John Wiley & Sons, 2002.

[175] Gray C M, Yilmaz S, Daly S R, et al. (2015 January). Idea Generation Through Empathy: Reimagining the "Cognitive Walkthrough" [C/OL] .122nd ASEE Annual Conference and Exposition. Seattle, WA. https://www.researchgate.net/publication/283023462.

[176] Gray C M, Yilmaz S, Daly S R, et al. (2015 June). What Problem Are We Solving? Encouraging Idea Generation and Effective Team Communication [C/OL].The 3rd International Conference for Design Education Researchers Chicago, IL. https://www.researchgate.net/publication/275971458.

[177] Gray C M, Yilmaz S, Daly S, et al. Supporting idea generation through functional decomposition: An alternative framing for Design Heuristics[C]//DS 80-8 Proceedings of the 20th International Conference on Engineering Design (ICED 15) Vol 8: Innovation and Creativity, Milan, Italy, 27-30.07. 15. 2015: 309-318.

[178] Heatherwick Studio. heatherwick[EB/OL]. [2020-1-10]. http://www.heatherwick.com/projects/objects/spun/.

[179] Hudson J. The design book: 1000 new designs for the home and where to find them[M]. Hachette UK, 2013.

[180] I.V.House.I.V.House Products[EB/OL]. [2020-5-5]. https:// www.ivhouse.com/products/iv-house-ultradome.

[181] ifworlddesignguide.Ifworlddesignguide[EB/OL]. [2021-3-12]. https://ifworlddesignguide.com/entry/299385-pahoj.

[182] Ingram J, Shove E, Watson M. Products and practices: Selected concepts from science and technology studies and from social theories of consumption and practice[J]. Design issues, 2007, 23(2): 3-16.

[183] Johnson-Laird P N. Mental models and deduction[J]. Trends in cognitive sciences, 2001, 5(10): 434-442.

[184] Kahneman D, Knetsch J L. Valuing public goods: the purchase of moral satisfaction[J]. Journal of environmental economics and management, 1992, 22(1): 57-70.

[185] Kahneman D, Tversky A. The simulation heuristic[M]//Kahneman D, Slovic P, Tversky A. Judgement under Uncertainty: Heuristing and Biases. New York: Cambridge University Press,1982: 201-208.

[186] Kahneman D, Tversky A. The psychology of preferences[J]. Scientific american, 1982, 246(1): 160-173.

[187] Kahneman D, Varey C A. Propensities and counterfactuals: The loser that almost won[J]. Journal of personality and social psychology, 1990, 59(6): 1101.

[188] Kahneman D, Miller D T. Norm theory: Comparing reality to its alternatives[J]. Psychological review, 1986, 93(2): 136.

[189] Kramer J, Daly S R, Yilmaz S, et al. (2014 June). A case-study analysis of Design Heuristics in an upper-level cross-disciplinary design course[C/OL]. 121st ASEE Annual Conference and Exposition Conference Proceedings. Indianapolis, IN. https://peer.asee.org/a-case-study-analysis-of-design-heuristics-in-an-upper-level-cross-disciplinary-design-course.

[190] Kray L J, Galinsky A D, Wong E M. Thinking within the box: The relational processing style elicited by counterfactual mind-sets[J]. Journal of personality and social psychology, 2006, 91(1): 33.

[191] Kroes P. Design methodology and the nature of technical artefacts[J]. Design studies, 2002, 23(3): 287-302.

[192] Kruger C, Cross N. Solution driven versus problem driven design: strategies and outcomes[J]. Design Studies, 2006, 27(5): 527-548.

[193] Rips L J. Two causal theories of counterfactual conditionals[J]. Cognitive science, 2010,

34(2): 175−221.

[194] Landman J. Regret and elation following action and inaction: Affective responses to positive versus negative outcomes[J]. Personality and Social Psychology Bulletin, 1987, 13(4): 524−536.

[195] Leahy K, Daly S R, Murray J K, et al. Transforming early concepts with design heuristics[J]. International Journal of Technology and Design Education, 2019, 29: 759−779.

[196] Leahy K, Seifert C, McKilligan S, et al. Overcoming design fixation in idea generation[J]. Design Research Society International Conference 2018，2018.

[197] P Legrenzi, V Girotto, P N Johnson−Laird. Focusing in Reasoning and Decision Making[J]. Cognition, 1993, 49(01−02), 37−66.

[198] Lipe M G. Counterfactual reasoning as a framework for attribution theories[J]. Psychological Bulletin, 1991, 109(3): 456.

[199] Markman K D, Gavanski I, Sherman S J, et al. The mental simulation of better and worse possible worlds[J]. Journal of experimental social psychology, 1993, 29(1): 87−109.

[200] Yilmaz S, Daly S R, Seifert C M, et al. (2015 June). Expanding evidence−based pedagogy with Design Heuristics [C/OL]. 122nd ASEE Annual Conference and Exposition, Conference Proceedings. Seattle, WA. https://www.researchgate.net/publication/285057552.

[201] Medvec V H, Savitsky K. When doing better means feeling worse: The effects of categorical cutoff points on counterfactual thinking and satisfaction[J]. Journal of Personality and Social Psychology, 1997, 72(6): 1284.

[202] Miller D T, Gunasegaram S. Temporal order and the perceived mutability of events: Implications for blame assignment[J]. Journal of personality and social psychology, 1990, 59(6): 1111.

[203] Murphy L R, Daly S R, McKilligan S, et al. Supporting novice engineers in idea generation using design heuristics[C]//2017 ASEE Annual Conference & Exposition. 2017.

[204] N'gbala A, Branscombe N R. Mental simulation and causal attribution: When simulating

an event does not affect fault assignment[J]. Journal of Experimental Social Psychology, 1995, 31(2): 139−162.

[205] Roese N J. The functional basis of counterfactual thinking[J]. Journal of personality and Social Psychology, 1994, 66(5): 805.

[206] Roese N J. Counterfactual thinking[J]. Psychological bulletin, 1997, 121(1): 133.

[207] Roese N J, Olson J M. The structure of counterfactual thought[J]. Personality and social psychology bulletin, 1993, 19(3): 312−319.

[208] Roese N J, Olson J M. Counterfactuals, causal attributions, and the hindsight bias: A conceptual integration[J]. Journal of Experimental Social Psychology, 1996, 32(3): 197−227.

[209] Sanna L J, Turley K J. Antecedents to spontaneous counterfactual thinking: Effects of expectancy violation and outcome valence[J]. Personality and Social Psychology Bulletin, 1996, 22(9): 906−919.

[210] Stalnaker R C. Context and content: Essays on intentionality in speech and thought[M]. Clarendon Press, 1999.

[211] Stanford, d.school. EXPLORE THE STANFORD D.SCHOOL[EB/OL]. [2020−10−4]. https://dschool.stanford.edu/.

[212] Studer J A, Yilmaz S, Daly S R, et al. Cognitive heuristics in defining engineering design problems[C]//International Design Engineering Technical Conferences and Computers and Information in Engineering Conference. American Society of Mechanical Engineers, 2016, 50190: V007T06A009.

[213] TEDGlobal. Tim Brown: Designers—Think Big![EB/OL]. [2009−5−5]. http://www.ted.com/speakers/tim_brown_designers_think_big.

[214] Thomas N J T. Are theories of imagery theories of imagination? An active perception approach to conscious mental content[J]. Cognitive science, 1999, 23(2): 207−245.

[215] Webster. Definition of Innovation by Merriam-Webster[EB/OL]. [2019-10-1]. https://www.merriam-webster.com/dictionary.

[216] Webster. Definition of iteration by Merriam-Webster[EB/OL]. [2019-10-15]. https://www.merriam-webster.com/dictionary.

[217] Webster. Definition of optimization by Merriam-Webster[EB/OL]. [2019-9-2]. https://www.merriam-webster.com/dictionary.

[218] Webster.Definition of context by Merriam-Webster[EB/OL]. [2020-5-18]. https://www.merriam-webster.com/dictionary.

[219] Wells G L, Gavanski I. Mental simulation of causality[J]. Journal of personality and social psychology, 1989, 56(2): 161.

[220] Wells G L, Taylor B R, Turtle J W. The undoing of scenarios[J]. Journal of personality and social psychology, 1987, 53(3): 421.

[221] Yilmaz S, Seifert C M. Creativity through design heuristics: A case study of expert product design[J]. Design Studies, 2011, 32(4): 384-415.

[222] Yilmaz S, Seifert C. Cognitive heuristics employed by designers[J]. Design Science, 2009: 2591-2601.

[223] Yilmaz S, Daly S R, Seifert C M, et al. How do designers generate new ideas? Design heuristics across two disciplines[J]. Design Science, 2015, 1: e4.

[224] Yilmaz S, Daly S R, Seifert C M, et al. A comparison of cognitive heuristics use between engineers and industrial designers[C]//Design Computing and Cognition' 10. Springer Netherlands, 2011: 3-22.

[225] Yilmaz S, Daly S R, Christian J L, et al. Can experienced designers learn from new tools? A case study of idea generation in a professional engineering team[J]. International Journal of Design Creativity and Innovation, 2014, 2(2): 82-96.

[226] Yilmaz S, Daly S R, Seifert C M, et al. (2014 June 16—18). Design Heuristics as a tool to improve innovation[C]. Annual Conference of American Society of Engineering Education (ASEE), Conference Proceedings. Indianapolis, IN.

[227] Yilmaz S, Daly S R, Seifert C M, et al. (2013 September 5—6). Comparison of design Approaches between Engineers and Industrial Designers. International Conference on Engineering & Product Design Education[C]. Conference Proceedings. Dublin, Ireland.

[228] Yilmaz S, Seifert C M, Gonzalez R. Cognitive heuristics in design: Instructional strategies to increase creativity in idea generation[J]. Ai Edam, 2010, 24(3): 335—355.

[229] Yilmaz S, Seifert C M. Cognitive heuristics in design ideation[C]//DS 60: Proceedings of DESIGN 2010, the 11th International Design Conference, Dubrovnik, Croatia. 2010: 1007—1016.

附　录

附录 1　3D 打印无源索线假肢设计者的访谈设计

步骤	内容
第一步： 第一部分半结构化的访谈问题设计、受访者根据问题进行回答	1. 对于假肢的设计，在一开始您对创新有所期待吗？ 2. 您觉得您的这款 3D 打印假肢的创新点是什么？ 3. 您觉得您这款产品属于优化设计吗？如果属于，设计的出发点应该归结于哪些内容？ 4. 您觉得第二代假肢设计的亮点在哪里？从第一代到第二代的假肢设计，核心问题有所改变吗？ 5. 在最初设计概念显现后，您有遇到技术方面的问题吗？是如何解决的？ 6. 您觉得在这款假肢的两代产品设计过程中，有明显的设计分界线吗？ 7. 能谈谈在这款假肢设计概念明确之前，您受到过各方面的启发吗？ 8. 作为设计者，您会受到使用者意见的影响吗？ 9. 您觉得在设计过程中，自己遇到过思维的定式吗？ 10. 在以后的产品设计中，您将会将此设计的思维方法应用于其他的产品设计当中吗？
第二步： 整理、转译、编码	被访者张烨的口语记录整理、分析，针对被访内容的有效提炼（详情见附录 3）。 关键词的概括和提取，编码转译（详见内文）。
第三步： 第二部分非结构化的访谈（问答式）	详见附录 5。
第四步： 针对第二部分访谈内容的定性分析	详见内文。

注：作者自绘

附录 2　访谈工具：科大讯飞 XF-CY-J10E 智能办公本

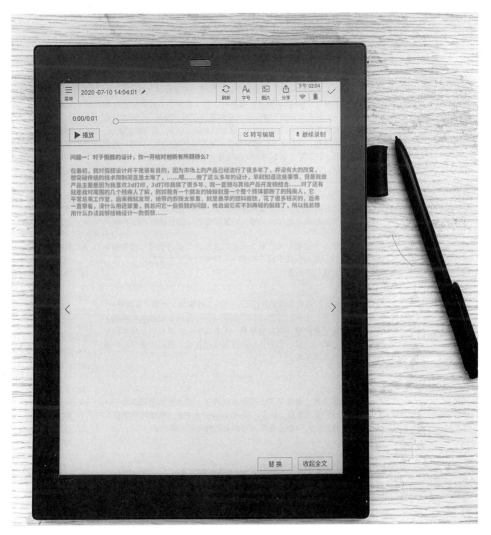

注：作者访谈时拍摄

附录 3 3D 打印无源索线假肢设计者访谈第一部分的内容

问题及内涵	设计者的回答，画线部分为研究员对本阶段研究有直接研究支持的口语关键词提取	转译、编码
问题 1 通过设计者对本案的回顾，观察设计者的设计驱动力及问题来源	答：在最初，我对假肢设计并不是很有目的，因为市场上的产品已经流行了很多年了，并没有大的改变，想突破传统的技术限制简直是太难了……嗯……做了这么多年的设计，早就知道这些事情，但是我做产品主要是因为我喜欢 3D 打印，3D 打印我搞了很多年，我一直想与其他产品开发相结合……对了，还有就是我对周围的几个残障人了解，我有一个朋友的弟弟就是一个整体手臂都断了的残障人，他平时总来工作室，后来我就发现，他戴的假肢太笨重，就是最早的塑料假肢，花了很多钱买的，后来一直戴着，没什么用，还笨重，我总问他一些假肢的问题，他总说他买不到再轻的假肢了，所以我总想用什么办法能够给他设计一款假肢……	A1. 市场分析 A1. 技术分析 A1. 受众人群启发 A1. 问题分析：笨重、塑料、贵重 A1. 问题收集 A1. 创新目的 A1. 概念生成
问题 2 初始设计的基点的观察	答：我觉得提出了单独解决小臂以下残疾的问题算是一种创新吧……但是 3D 打印技术的应用在当时也算是新的了，而且能动……让它有抓握力，这些东西加起来在当时……嗯……算是做了一款全新的产品吧。	A1. 指出需求 A2. 技术引入 A2. 产品交互创新
问题 3 设计者对基点的认知	答：怎么说呢……当第一代产品出来后，之后的方案的细化过程我都认为是优化设计，第一代属于找不同吧……简单说是找需求的细化，第二代属于外观的优化多一些。	A2. 需求、功能的细化 B1. 外观优化
问题 4 设计者对第一代和第二代假肢的设计认知	答：第二代假肢的亮点应该是外形吧……第二代参加了全国"互联网＋"大赛，得了银奖，专家们觉得这款产品能够解决假肢市场的成本问题，也有一定的需求客户群，对社会是有一定贡献的……亮点还是整体的外形功能和技术吧……第一代的核心是找到市场定位，第二代是产品的完善……核心点是不同的。	B1. 外观创意 B1. 成本控制 B1. 需求人群 B1. 综合评价 A1. 市场定位 B1. 产品优化
问题 5 设计不同阶段受技术影响的程度	答：主要在第二代，要求高了，问题也就多了，技术方面的问题啊……太多了，材料的薄厚重量、脆度、3D 打印的反复测试、失败结构问题、组装问题、线的拉力问题，等等，但都是用时间可以解决的。	B2. 多种问题 B2. 材料、技术控制、结构 B2. 经验内可以解决
问题 6 设计者关于创新思维和优化思维的理解	答：当然有分界线了……第一代设计完之后就剩下第一代问题的收集了，我们团队后期收集了几十名使用者的反馈问题，然后对第二代产品进行了优化改进……分界线就是第一代产品受到社会认可后我们才有信心继续改进。	TAB. 界限明显 TB. 第二代基于问题的改进 TB. 基点明确后的设计
问题 7 设计者创新的启发受何影响	答：启发……问题吧，残障人的需求，身边看到的几个肢残案例，有一种责任心吧，主要是我愿意研究一些市场上没有的东西，那么笨重的假肢居然还这么贵，我认为这是个机会，市场启发吧，需求启发吧，当然我还掌握 3D 打印的技术，都是有原因的……	TA. 受需求启发 TA. 设计者职业本能驱动 TA. 寻找到市场空缺

问题及内涵	设计者的回答，画线部分为研究员对本阶段研究有直接研究支持的口语关键词提取	转译、编码
问题8 设计者的创新启发是否是来自问题解决	答：开始的时候没有使用者，<u>哪有意见？</u>他们都是有什么东西就用什么东西，他们哪懂设计，主要是<u>我对这类人群和市场的观察</u>，后来的产品被他们试用后我们才着手调查使用情况……基本上是这样的……	TA. 没有受使用者影响 TA. 设计者的洞察力、直觉、创新驱动
问题9 探求设计者是否考虑到创新的限制及设计思维的应用	答：思维定式是什么？我觉得<u>想不出来就是思维定式</u>，开始的时候我一天有很多想法，但都<u>被我给否定了</u>……比如传统的研究都在研究肌电假肢的技术，本身这个我们也做不了，再说，我认为这些都是在拼科技、拼噱头，<u>不见得就能具体解决用户问题</u>，你想想一件肌电假肢几十万，还得调试，而且国内都没有，所以根本搞不了……总之我都想过太多条路了，<u>都没有什么价值</u>，无法创新，这些都是思维定式吧……反正我觉得是。	TA. 存在思维定式 TA. 假设与否定 TA. 问题思维的局限性 TA. 假设的因果分析
问题10 考察设计者的设计方法是常态的还是偶然的	答：我做什么设计<u>都是这样的一个程序</u>，我一般考虑的是有没有创新的<u>可能</u>，所以事前必须经过详细的<u>找点</u>，也就是找<u>市场需求</u>，一旦有了需求，我就会再调查一下有没有<u>新技术</u>能够解决，其实需求是最主要的，我一般设计的时候都是这样思考的，除了改进设计，<u>改进设计也需要针对市场的需求</u>，但一般不会太大，因为<u>改大了就不合理了</u>，你能理解吧……对，得有真正的问题才有必要去做改进。	TAB. 形成固定方法 TA. 寻找可能性的需求 TA. 技术的引入 TB. 优化设计 TB. 针对问题进行优化

注：研究员根据口语录音内容整理

附录 4 访谈第一部分内容口语分析的数据呈现

产品	编码代表设计阶段，关键词代表设计理念	编码代表设计思维阶段，词句代表设计者的设计思维分析
（A） 第一代假肢	A1. 市场分析 A1. 技术分析 A1. 受众人群启发 A1. 问题分析：笨重、塑料、贵重 A1. 问题收集 A1. 创新目的 A1. 概念生成 A1. 指出需求 A1. 市场定位 A2. 技术引入 A2. 产品交互创新 A2. 需求、功能的细化	TA. 受需求启发 TA. 设计者职业本能驱动 TA. 寻找市场空缺 TA. 没有受使用者影响 TA. 设计者的洞察力、直觉、创新驱动 TA. 存在思维定式 TA. 假设与否定 TA. 问题思维的局限性 TA. 假设的因果分析 TA. 寻找可能性的需求 TA. 技术的引入
（B） 第二代假肢	B1. 外观优化 B1. 外观创意 B1. 成本控制 B1. 需求人群 B1. 综合评价 B1. 产品优化 B2. 多种问题 B2. 材料、技术控制、结构 B2. 经验内可以解决	TB. 第二代基于问题的改进 TB. 基点明确后的设计 TB. 优化设计 TB. 针对问题进行优化
（A、B）		TAB. 界限明显（对两代假肢特点的判断） TAB. 形成固定方法（对两代假肢设计方法顺序的概括）

注：笔者自绘

附录5 3D 打印无源索线假肢设计者访谈第二部分的内容

笔者：能谈一谈当年您是通过什么介入 3D 打印假肢设计的吗？我指的是您虽然发现了需求，但您怎么能打破传统的翻制工艺的思维束缚，进而选择 3D 打印去做假肢。

张烨：哦，其实就如刚才我说的，技术的应用带给我很多启发，就如以前我画设计方案时一直是考虑模具和加工方法，但自从负责 3D 打印设备的管理后，我很多时候都是考虑这个可不可以用 3D 打印，那个可不可以用。

笔者：是的，这点我知道，技术的引入起了关键性的创新作用，但我说的是做假肢设计的综合性判断，除了受您所接触的受众人群启发，还有您对 3D 打印技术的了解，那么其他的设计因素是否存在？我指的是设计思维方面。

张烨：啊，那当然有了，我做设计思考基本上都是先在纸上勾稿，瞎想，比如最开始我试着用概念的形式去想象假肢的样式，我勾了很多概念性的假肢草图，甚至有些是用 3D 打印都实现不了的，就是漂亮。我觉得原来的假肢太难看，戴上以后肉色的硅胶塑料显得这个人的肢体问题更大，所以我就画了很多概念性的草图来增加想象力。

笔者：对，这就是我想要知道的。您在设计时，除了技术之外是如何启发自己的？您最开始的草图还有吗？

张烨：电脑里有一些，我给您找看。

笔者：好的。

……

张烨：这几张草图是我最开始的设想，基本上用现有的翻制工艺实现不了，但我就要突破现有的假肢的仿真性，让它更酷。

笔者：但是您第一代假肢的最终成品不是很酷，反而有些笨重。

张烨：是，是。当时我们对 3D 打印技术和材料并不是太了解，并且当时的机器有些打印材料的支撑去不掉，所以，您看第一代产品并不是特别好看，但为了抢占市场，我们必须得推出能用的、产量快的产品。

笔者：哦，那这些原始的草图是第一代前就画出来的吗？

张烨：是啊，这些都是当时没建模之前的想法。我们团队也是想把这些在未来技术成熟后做出来，我们还研究了一系列肌电假肢，当时是双管齐下，肌电假肢太难了，我们和技术专科学院的工程系教师合作，一起研发了半年，最后的效果并不好，但索线假肢这块第一代产品还是解决了一部分人的需求问题。

笔者：哦，那真不错，也就是您说的第一代产品设计初期理念里还包含了对残障人现有假肢暴露残疾缺陷的问题思考，是吧？

张烨：是啊，主要是不想让残障人的断肢问题显得更大更自卑，也可以说不想让残障人和正常健全的人去对比，尤其是小孩，如果假肢更酷，其他的小朋友没准更喜欢和他玩，或者说不想让他自己认为自己别人一等。

笔者：嗯，这是一个设计思维的变革，我觉得上一阶段的访谈您没有提到。

张烨：是啊，这看草图我就想起当时的想法了。

笔者：您一贯是这样创意的吗？就是先假设一个概念的，超出经验的，或者说有些离谱的想法，然后再往回找合理性吗？

张烨：是啊，就像头脑风暴，我得大胆去想啊，尤其是要好创意，一定是先放再收。

笔者：哦，那您觉得您这种设计方法重要还是您掌握的技术能力重要？

张烨：嗯，应该是设计方法吧，因为技术是可以借用的，比如 3D 打印，当时我们院有几个工作室都有打印机，我也总去，主要还是我把它和假肢的设计结合了吧，最主要我发现了新的设计点。

笔者：是的，但您也可能用 3D 打印做下肢啊，为什么没有呢？

张烨：下肢一般不考虑美观，考虑的更是承重和结实，并且下肢截断的情况在当时的 3D 打印技术的强度和耐用性上看，并没有能力达到。

笔者：所以您在头脑中已经把下肢这个在当时不可能达到的创新条件给 pass 掉了？

张烨：是的，包括连接断肢的接受腔还有自身重量，在当时是不可想象的，但现在的打印技术和材料都没问题了。

笔者：也就是说您做概念也是在原有的一个可实现或可做的综合判断上进行的？

张烨：是啊，有了大概的可能性我才进行头脑风暴的，大概的感觉和直觉告诉我这个方向行，我才花精力去想象方案的。

笔者：也就是说您在进行假设前已经有目的地去假设了？

张烨：是的，您这么说挺专业的，我倒是没想过，设计的直觉吧。

笔者：哈哈，这是我研究的要点。

张烨：您这又把我当时的过程捋了一遍……

附录6　2022年冬奥会、冬残奥会吉祥物初始形象设计者的访谈问卷

访谈问题
1. 你对奥运会吉祥物设计感兴趣的程度如何？ A. 非常有兴趣　　B. 一般　　C. 不太感兴趣　　D. 有些排斥
2. 在接到奥运吉祥物设计任务时，你的初始判断是什么？ A. 能够完成　　B. 有可能完成　　C. 不能完成　　D. 其他
3. 在确定做该设计任务后，你从什么起点进行设计分析？ A. 历届吉祥物　　B. 设计任务要求　　C 竞争对手的优势　　D 其他
4. 你觉得本方案概念的产生受以下哪方面影响最大？ A. 心情　　B. 想象　　C. 资料　　D. 经验
5. 你是否对历届冬奥会及冬残奥会吉祥物做了调研？ A. 没有调研　　B. 仅针对某届做了调研　　C. 做了一些调研　　D. 详细调研
6. 你觉得往届吉祥物的设计如何？ A. 非常好，各有特色　　B. 有好有差　　C. 都一般　　D. 其他
7. 在设计初期，你考虑过规避往届吉祥物的形象吗？ A. 考虑过　　B. 没考虑　　C. 不确定　　D. 其他
8. 在设计初期，你要求你的设计与以往的吉祥物设计形象上差别百分比应该是多少？ A. 20%　　B. 50%　　C. 70%　　D. 90%
9. 在确定做该设计任务后，你在设计创新上是如何考虑的？ A. 一定创新　　B. 有可能创新　　C. 尽量创新　　D. 发挥出正常水准
10. 在设计前期，你对吉祥物后期形象的立体化，例如衍生品的制作、加工、推广等有过考虑吗？ A. 考虑一点　　B. 有很多考虑　　C. 没考虑，先把形象做好　　D. 其他
11. 在设计（糖葫芦、灯笼）方案时，你用了多少时间？ A. 几分钟　　B. 几小时　　C. 几天　　D. 其他
12. 进入设计任务后，你主要靠什么方法进行方案创意？ A. 想象　　B. 草图　　C. 文字　　D. 其他
13. 当设计想法初现时，你是通过什么方式记录的？ A. 继续思考　　B. 草图　　C. 文字　　D. 其他
14. 在构建设计想法创意初期，你的设计逻辑是如何进行的？ A. 对以前的吉祥物进行模仿、变化，寻求优化改进。 B. 先有一定的假想，可以是漫无目的，再分析其可行性，提出创意。 C. 先在脑中进行多个因果推论，计算其未来实现的可行性，再确定创意。 D. 寻找大众及专家的兴趣点，去构建方案。

访谈问题
15. 在有了初始想法后，你会进入一种怎样的设计分析？ A. 思维空间，在头脑中构建关联，提出设想。 B. 图形引导，在纸上勾出设计点，构建图形关联、草图。 C. 用文字记录想法，在纸张上推理设计关联，构建文字分析。 D. 综合运用，提出假设，推理分析其可能性。
16. 你对你的初期方案（五个糖葫芦、奔跑的灯笼）是否满意？ A. 十分喜欢，满意　　B. 基本满意　　C. 感觉一般　　D. 其他
17. 你觉得你设计的吉祥物参照了往届的吉祥物了吗？ A. 参照了　　B. 没参照　　C. 可能参照了　　D. 很多地方参照了
18. 你觉得最后你入选的吉祥物形象相对历届吉祥物设计应该用以下哪个选项来形容更确切？ A. 创新设计　　B. 优化设计　　C. 改进设计　　D. 模仿设计
19. 设计主体形象（糖葫芦、灯笼）确定后，你的创意对本方案的优化影响有多少？ A. 20%　　B. 40%　　C. 60%　　D. 80%
20. 你觉得在后期团队优化时，遇到的问题有哪些？（可多选） A. 形象调整　　B. 技术呈现　　C. 团队合作　　D. 评审、大众意见

注：笔者自绘

附录7 2022年冬奥会、冬残奥会吉祥物初始形象设计者的访谈问卷结果分析

题序号	选项		结果分析（以下针对两位设计者）
	刘平云	姜宇帆	
1	A	C	对项目的初始兴趣程度不同
2	C	D	初始的自信程度不同
3	A	B	对本案认知角度不同
4	B	B	受想象的启发均大于经验启发
5	C	D	原始的调研程度不同
6	A	D	对已有吉祥物设计的评价不同
7	A	A	均受已有吉祥物的影响
8	D	D	均有意区别于往届吉祥物
9	A	A	均具备对既有形象创新的目标驱动
10	B	C	对最终的吉祥物实现的认识程度不同
11	B	B	设计创意均在短时间内产生
12	A	C	进入设计创意的方法不同
13	B	C	对创意初现时的记录方法不同
14	C	C	设计分析的形式相同
15	A	C	设计方案的表达方法不同
16	A	A	对前期设计概念均很认可
17	A	C	前期方案均受往届吉祥物（基点）影响
18	A	A	设计者主观创新目标的确认
19	A	A	整体设计具有明显阶段性
20	ABD	ABCD	对后期设计问题解决的理解基本相同

注：笔者根据访谈问卷整理分析

附录8 对吉祥物"冰墩墩"初始形象设计者刘平云的 自由访谈

笔者：您能谈谈您设计初始形象时的方法和方式吗？是先假设还是先凭借经验去绘制方案？

刘平云：我是把我心中的东西画出来，一定是先想象，再去画。从我个人习惯上是先有个大致的模样，例如糖葫芦的初始形态，我有明确的小时候对北京的印象，就像天安门是不可能变成吉祥物的，所以大概是有一个目标的，当然是想象为先的。

笔者：您当时创作时每天会构建多少个想法？

刘平云：前期创作时我和学生一起画，但我的稿最多，我一般一页纸上画四五个方案，包括临摹、乱画的、创作的，每天五六张纸，差不多30多个。开始胡乱想，可能画下来就先不想了，例如有了糖葫芦形象后，我便反复优化，五个放一起就是五环，竖着看就是糖葫芦，还有我会边画边写，反复修改。一定是看到图形后再去想象，我会想着怎么下手，或许隔一天或许隔一个小时。

笔者：也就是说您先充分进行假想，然后再去动手画的，对吗？

刘平云：是的，我是从概念和理念出发引导自己创作，就是我说的<u>相关性和在地性，分析在先，然后再调整</u>。

笔者：您觉得您设计方案想象之前是有思维限制的吗？

刘平云：当然是有条件上的限制，其实就是要考虑到要求的限制空间，逐渐建立个方向，有个先决条件，有个出发点，尤其是委托项目，是在考虑要求之后，您才能够展开。要求在思维里已经构成空间了，只不过把时代性加进去，更加时尚、当代、有趣，思维空间构建在前，图形再关联，然后再假设修改，把条件说清楚，如果说我个人的创作，那可能不会有那么多限制。

笔者：您当时想出糖葫芦，是上百个方案中您决定提交的还是为了凑足数目，无意中提交的？

刘平云：当然是我自己的一个保留提案，其实我也是觉得糖葫芦有点离谱，毕竟没有食物作为吉祥物的案例，但我觉得它的特点最充分，其他的方案都是太考虑主体性和相关性了，创意性少了一些，所以，我特别地保留了糖葫芦这个方案。

笔者：您能将您的糖葫芦的初始草图给我看看吗？

刘平云：当然可以，我这就发给您……这是我最开始，2018年10月画的草图方案，最早的，上面保留了最早的设计想法……

注：作者自绘

附录 9　对吉祥物"雪容融"初始形象设计者姜宇帆的自由访谈

笔者：您能简单描述一下您最初设计方案的情况吗？

姜宇帆：刚开始我出了三款方案，都是麋鹿造型。

笔者：为什么是麋鹿造型呢？

姜宇帆：因为刚开始在我心中认为吉祥物都应该是动物，尤其之前看从冬奥会到奥运会所有的吉祥物，很少以物为原型去塑造的。由于大熊猫形象用得太多，我想做一个 2008 年奥运会没用过的，所以找了一些有特点的，就是麋鹿了，但做麋鹿方案的同学太多了。

笔者：麋鹿推翻后，下一个方案是什么时候产生的？

姜宇帆：就是要交稿的时候，距离最后交稿三天，改的稿太多了，麋鹿的形象感觉没有竞争力，所以就想换一个。我进入一个角色特别慢，一遍遍改。

笔者：您推翻的稿都是以麋鹿为变体的吗？

姜宇帆：是的。

笔者：在麋鹿之后呢？

姜宇帆：我考虑到了是否可以以物为主题，因为当时有以毛笔、文字等做主题的，然后我就做了中国结和饺子，觉得这两点都是中国特有的，勾出了草图，但指导老师将饺子这个形象给否了，最后几乎没有时间了，就剩一天了，我想到了能代表中国的元素还有什么，这时候我就想到了灯笼。

笔者：您想到灯笼是因为否定了自己很多方案后的筛选还是其他原因激发的呢？

姜宇帆：应该是已经形成了一定的筛选，然后就想到了家乡。我家乡在边境，冬天很寒冷，县城的年味比较重，过年的时候白色的雪映衬着灯笼非常漂亮，我就想用灯笼试一试。

笔者：您有灯笼想法的时候您立即画草图了吗？

姜宇帆：没有，随后我就上网看图片，找到和灵感搭配的灯笼图案，进行画草图，因为从实物到草图还是有区别的。

笔者：您简化了图片上的一些东西了吗？

姜宇帆：当然，简化成了一个人物头部的形象，加上眼睛、鼻子、嘴就定下来了初稿，身子是几个方案通用的。

笔者：能将原始草图给我发一份吗？

姜宇帆：可以……

注：作者自绘

附录 10   现代家具产品设计实验 PPT 原案资料编码表格

编码	第一次方案 / 学生基于原有设计经验的设计方案、关键词句提取	编码	第二次方案 / 学生基于产品优化创新设计思维和方法的设计方案、关键词句提取
1A	 红木沙发椅：流线造型、体现云纹元素、花梨木、外观厚重、混合风格	1B	 睡眠沙发：扶手触屏、可调节沙发角度、可自动接收睡眠状态信号并转为睡眠模式
2A	 老年餐桌椅：家具秩序混乱影响老人安全、桌椅相连、椅子可单独旋转、金属混合材料	2B	 恒温餐桌：中国饮食习惯、饭菜易凉、老人咀嚼慢、恒温技术、吃到恒温餐食
3A	 轮形台灯：车轮形态、外圈旋转调亮度、时间显示、OLED 灯	3B	 环境模拟吊灯：翻转后模拟太阳光、手机定时提醒起床
4A	 熊猫座椅：怀抱的感觉、软体织物、熊猫主体颜色、结构模仿骨骼连接	4B	 两用椅：躺椅座椅切换、满足两种需求、摇篮形态外形、安静舒适感、功能美学

编码	第一次方案 / 学生基于原有设计经验的设计方案、关键词句提取	编码	第二次方案 / 学生基于产品优化创新设计思维和方法的设计方案、关键词句提取
5A	斜角鞋柜：斜角设计方便拿取、内部结构翻转时增加秩序感、简洁、北欧风格	5B	智能维护鞋柜：紫外线消毒、防潮杀菌、烘干保温、香薰除味、营造高档感
6A	波形鞋柜：面板采用波浪形态、座椅功能、北欧风格、简洁	6B	智能选鞋柜：智能选取和存放鞋、健康体型保持提醒、手机系统交互触屏技术
7A	公共家具：金属材质、蜘蛛网提醒人与自然共生、可坐可玩	7B	彩虹公共椅：温感材料、雨后彩虹、游乐互动、增加环境气氛、提升自然感
8A	多变衣架：可以靠墙也可独立、简洁、适合小居室	8B	电子衣架：衣物消毒、烘干、可检测衣物污渍、可以局部清理、熨烫

编码	第一次方案/学生基于原有设计经验的设计方案、关键词句提取	编码	第二次方案/学生基于产品优化创新设计思维和方法的设计方案、关键词句提取
9A	 躺椅：可坐可躺、流线型运用、围合感、舒适感	9B	 小型空间家具：独立空间、家庭室内安放、替代书房、可以工作/学习/观影、独立阅读环境
10A	 竹屏风：自然形态、塑造环境语言、竹子艺术、清新	10B	 防疫用餐屏风：人员密集室内、餐馆、翻折形成局部空气保护、消毒净化空气、排风系统
11A	 置物架：随意翻折、上下可延展、顶住棚顶固定、易安装拆卸	11B	 寝室空间家具：胶囊空间、提供隐私空间、学习互不打扰、上下铺形式
12A	 书架椅子：体积小、北欧风格、空隙可以插书、方便取阅	12B	 图书馆阅读椅：语音控制听书、读书新形式、半包围形态、防止外界干扰

编码	第一次方案／学生基于原有设计经验的设计方案、关键词句提取	编码	第二次方案／学生基于产品优化创新设计思维和方法的设计方案、关键词句提取
13A		13B	
	简洁化妆台：北欧风格、收纳功能、功能细分、几何形式感		智能化妆台：智能镜片、摄像头捕捉面部皮肤健康情况、提醒、科技感造型
14A		14B	
	悬挂式床头柜：简约、收纳隔板、美观、趣味性		智能床头柜：可升降式桌面、紫外线物品消毒空间、电子触控面板、科技感
15A		15B	
	办公椅：办公时使用、半坐式切换、锻炼腿部肌肉		疫情下的会议空间：大围合、弱化背景环境、桌子可抽拉收起
16A		16B	
	茶几组合沙发：可移动茶几位置、占地面积小、不用弯腰		全息投影茶几：可连接手机选择图像内容、春夏秋冬、模拟鱼缸、增添景观感

编码	第一次方案/学生基于原有设计经验的设计方案、关键词句提取	编码	第二次方案/学生基于产品优化创新设计思维和方法的设计方案、关键词句提取
17A	硅胶伸缩茶几：便于携带、内部有 LED 光源、夜间照明	17B	老年人智能茶几：智能棋盘游戏、模仿面对面感觉、语音视频、操作简便
18A	双人沙发：框架结构、亚麻材质、有机玻璃层板收纳	18B	对角双人沙发：沉迷手机疏远人与人的内心距离、使人不易察觉、对角沙发提醒人距离感的存在
19A	彩色儿童床：增加儿童室内色彩感、床头可收纳展示玩具	19B	分体式双人床：隔离需求、减轻打鼾干扰、机电控制、两侧拉伸、隔板上升
20A	简约音箱茶几：可收纳、播放音乐	20B	智能化茶几：提醒日常事务、表情互动、收纳空间、底光夜间照明、手机召唤

编码	第一次方案／学生基于原有设计经验的设计方案、关键词句提取	编码	第二次方案／学生基于产品优化创新设计思维和方法的设计方案、关键词句提取
21A	 青年座椅：正面观看为数字5而侧面观看为数字4、提醒青年保持奋斗	21B	 会议办公椅：移动式办公、新型会议模式、私密性、防干扰
22A	 竹椅：符合人机工学、竹工艺、环保自然、内部提供宠物空间	22B	 折叠桌椅：青年公寓需求、桌椅两用、简单翻折、轻便素雅
23A	 仿生椅：仿生设计、模仿有机形态、流线造型、3D打印技术	23B	 AI定制椅：基于算法输入性格特征、造型随性格分析生成、金属3D打印座椅
24A	 儿童储物柜：多色彩、随意组合	24B	 儿童空间分割屏风：随角落组合、营造独立环境、增加儿童创造力

编码	第一次方案 / 学生基于原有设计经验的设计方案、关键词句提取	编码	第二次方案 / 学生基于产品优化创新设计思维和方法的设计方案、关键词句提取
25A	仿生木质座椅：对花叶脉的层次仿生、追求艺术性	25B	智能学习桌：提醒儿童坐姿纠正、内含教学资源、语音提醒与互动、可单机使用
26A	仿生书架：儿童书架、增加色彩感、趣味性	26B	儿童衣物收纳柜：机器人造型、按机器人部位提醒儿童分类收纳、增加互动
27A	加长沙发：解决坐卧两用问题、收纳功能	27B	家用型多功能沙发：提供休息区域、手机投屏功能、自动开合控制
28A	参数可视化座椅：结构仿生、参数随机生成样式	28B	可健身的座椅：家庭健身、随意组合、可选择健身方式、青年人需求

编码	第一次方案／学生基于原有设计经验的设计方案、关键词句提取	编码	第二次方案／学生基于产品优化创新设计思维和方法的设计方案、关键词句提取
29A	 跷跷板沙发：两种形式、满足游戏性互动	29B	 蜗居沙发：正反使用、橡胶材质、独立空间、翻转简捷
30A	 流线椅：躺椅座椅两用、流线型、女性特征、浪漫	30B	 蹦床椅：便携、易组装、当玩具之外或可做正常椅子使用、增加使用寿命、避免设计浪费
31A	 叠凳：叠加式凳子、单元拆分组合、随意调整高度	31B	 带包裹垫子的软体沙发：人形沙发垫可以将使用者包裹、减少孤独感和恐惧感
32A	 女性沙发：色彩感、柔和感、扶手部分可翻折	32B	 多功能座椅：矮桌、可根据需求随意组合、满足小型空间使用

编码	第一次方案／学生基于原有设计经验的设计方案、关键词句提取	编码	第二次方案／学生基于产品优化创新设计思维和方法的设计方案、关键词句提取
33A	角落家具：填补家中角落空缺、极简设计	33B	可折叠科技屏风：可以支持拍摄、显示功能、网红直播空间塑造、背板收纳小件
34A	钢管沙发：突破简约风格	34B	躺坐两用椅：反对称性、提醒坐姿变换、形态扭曲、一物两用、符号性
35A	多功能茶几：收纳与组合、曲线美	35B	科技茶几：电磁烧水、音乐功能、底部面板冬季加热暖脚、左侧设备有加湿功能、北方环境使用
36A	按摩躺椅：表面为按摩颗粒、提供身形匹配	36B	老年人音乐收听按摩椅：养老院、老年人享受科技关怀

编码	第一次方案／学生基于原有设计经验的设计方案、关键词句提取	编码	第二次方案／学生基于产品优化创新设计思维和方法的设计方案、关键词句提取
37A	 壳型座椅：艺术性、舒适性	37B	 对坐式沙发：增加思考空间、冥想、盘腿对坐、拉近情侣交流
38A	 仿生座椅：艺术性、增加椅子灵动性	38B	 公共区域哺乳座椅：临时性公共区域哺乳需求、单向玻璃、温度调节、增加隐私性和空间感
39A	 云形仿生沙发：飘浮感、可以摇晃	39B	 儿童两用座椅：婴儿床的使用周期扩展、直立可当儿童座椅、年龄增长需求、延长家具使用寿命

注：辅助实验员整理编辑

附录 11 学生第一次方案讲述的提取、分类

编码	学生方案表述的记录的提取	分类
1A	我发现现有沙发缺少<u>混合风格设计</u>，我想设计一款具有混合美感的简捷的沙发。	形式启发
2A	我发现家里的餐桌下的椅子总是很凌乱，我奶奶在经过时总踢到椅子腿，所以<u>怕老人摔倒</u>，我设计的是将桌子和椅子固定在一起的餐桌椅。	问题启发
3A	我在调研时发现了市场上的台灯缺少造型变化，除了<u>折叠的就是立式的</u>，所以我受自行车车轮启发，设计了一款圆盘形状台灯，并且能够随着圆形调节亮度，增加趣味性。	形式启发
4A	<u>模仿</u>大熊猫的<u>颜色和感觉</u>设计的软体座椅，扶手环绕着身体，人们会体会到<u>可爱的感觉</u>，结构上<u>模仿骨骼</u>的连接，符合人体工学。	形式启发
5A	家里的鞋柜一般都是<u>平行的隔断</u>，取拿时要下蹲，<u>不方便</u>，我设计了一款隔板带有斜角的鞋柜，打开后直接面对使用者，<u>方便取鞋</u>。	问题启发
6A	我发现换鞋的地方很少有椅子，我设计了一款<u>低矮</u>的鞋柜，换鞋时可以<u>坐在鞋柜上</u>，我采用波浪的形状，可以增加鞋柜的装饰感。	问题启发
7A	我的创意来自蜘蛛网，蜘蛛网是童年的回忆，并且很<u>自然</u>，我将它与室外公共座的设计结合，既能坐，又能趴在上面游戏。	形式启发
8A	市场上的衣架都是柱状的，<u>挂衣服很少</u>，并且放在<u>角落里</u>，我设计的是能贴墙放并且能够<u>折叠打开</u>，变成立体的衣架，可放在任何空间。	问题启发
9A	市场上的沙发都是<u>敞开的</u>，我设计的是一款流线型的<u>带有门的</u>沙发，平时可以躺在里面，关门，形成一个自己的空间。	形式启发
10A	我设计的是屏风，创意源于<u>竹子</u>，<u>竹子是柔软的</u>，所以屏风用<u>竹子的形态</u>，创造一种有<u>风吹过的感觉</u>。	形式启发
11A	我发现，一些架子都需要固定在墙上，<u>破坏墙面</u>，我设计的是能顶在棚顶和地面的架子，可以组合叠加，也可以单独使用。	问题启发
12A	我平常喜欢看杂志，所以我设计一款能够<u>收纳杂志的椅子</u>，带有很多空隙，杂志可以插在空隙里，随时翻看。	问题启发
13A	市场上的梳妆台的<u>收纳功能太差了</u>，所以我设计了一款收纳性强的梳妆台，这样使用的人就能够<u>放更多</u>的小件化妆工具，<u>便于整理</u>。	问题启发
14A	床头柜的<u>种类很少</u>，基本都是<u>方形的</u>，很呆板，我设计的是<u>一个圆形的</u>，能挂在床的两边，带隔板和抽屉，方便收纳东西。	形式启发
15A	在<u>市场</u>已有的办公椅子中，<u>有一款马鞍椅</u>，坐面调整为 45 度、半坐着状态时，后背会保持笔直，腰椎自然弯曲，所以<u>根据这个原理</u>，我设计了一款办公时用的简单椅子。	功能启发

编码	学生方案表述的记录的提取	分类
16A	我发现在沙发上看电视的时候，没有台子不方便，茶几还距离很远，我设计的是能围着沙发转的茶几，可以方便地放东西。	问题启发
17A	我的灵感源于折叠的水桶，很方便，现在的茶几都很不方便移动，我这款茶几可以拉伸，上面可以放物品，里面还有 LED 灯，利用橡胶材料，夜间可以发出微弱的光，起到照明效果。	功能启发
18A	我设计的是一款双人沙发，利用最简单的圆形和方形的组合，还有扶手的线形，创造一种点线面形式的简捷感。	形式启发
19A	我发现儿童玩具收纳是一个问题，玩具收纳了以后就起不到作用了，我设计一款彩色儿童床，床头是箱子，透明的，收纳玩具后，既可以展示，又可以当色彩装饰。	问题启发
20A	我发现床头柜设计太单调，除了储物就别的功能了，我设计的是能储物又能播放音乐的床头柜，可以单独当音箱使用，有蓝牙功能。	问题启发
21A	我发现现代年轻人内心太浮躁，焦虑、内卷化严重，我要设计一款座椅，能够提醒年轻人，要自强，通过五四运动的启发，设计一款数字符号提醒的椅子。	需求启发
22A	我设计的是一款竹子椅子，首先材料很舒服自然，下面的空间可以留给宠物，我喜欢宠物，我家的猫总愿意在我身边，所以在我坐在椅子上的时候，猫可以在下面趴着，当作它的小家。	需求启发
23A	市场上的椅子很多因为成本原因都很模式化，我设计的是一款仿生椅子，形状源于有机形态的提炼，我这个椅子可以用 3D 打印来实现。	形式启发
24A	我发现儿童的储物柜样式很少，我设计的是一款随便组合的儿童储物柜，采用多种色彩搭配，锻炼儿童的组合能力。	形式启发
25A	我采用的是仿生设计去设计一款椅子，模仿叶脉的生长，这种椅子具有很强的造型感和艺术感。	形式启发
26A	我设计的是一款儿童书柜，模仿树叶的形态，带有各种细节功能，增加儿童家具的趣味性。	形式启发
27A	我设计的是一款加长的沙发，可以坐在高的地方也可以躺在长的地方睡觉休息，底下可以储存物品。	功能启发
28A	我利用了参数可视化软件，设定好基本的家具形态后，输入参数，电脑自动生成椅子的形状，通过改变参数调整椅子的形状，达到满意。	功能启发
29A	我发现跷跷板的失重感觉很有意思，大人小孩都喜欢，所以我设计了一款可以玩的跷跷板沙发，折叠打开后就可以在家里玩跷跷板的游戏，增加沙发的使用乐趣。	功能启发

编码	学生方案表述的记录的提取	分类
30A	我设计了一款可以躺椅和座椅两用沙发，整体形态符合女孩喜欢的流线型，并且采用了粉色系配色。	功能启发
31A	我设计的是一款可以自己叠加的凳子，带有软垫的表面，随着自己需要的高度去叠加。	功能启发
32A	我发现市场上的沙发都太中性了，我设计一款女性沙发，色彩大胆地用了桃红色，并且扶手能翻折，可以改变坐姿。	形式启发
33A	我发现家里的角落缺乏小型家具，所以我设计了填补角落的桌椅，桌腿样式往内收，走路时不容易踢到，都是简捷的风格。	问题启发
34A	我设计的是一款钢管折弯沙发，钢管与海绵形成了强烈的软硬对比感，表现一种捆绑和被束缚的感觉。	形式启发
35A	市场上茶几设计的样式太呆板，我设计的是一款多功能茶几，整体都是以曲线形和半圆形为设计，体现多方面的收纳和使用。	形式启发
36A	我设计的是一款表面由很多小球组成的躺椅，躺上以后，小球会随人体的曲线而高低变化，起到按摩的作用。	需求启发
37A	我设计的是一款多边形拼凑的沙发，体现艺术性，半圆的形状增加了舒适感。	形式启发
38A	我设计的是一款仿生凳子，模仿的是水母的形态叠加，提取灵动感。	形式启发
39A	我做的是一款仿云纹摇椅，在摇晃的时候可以感到飘浮在云间的体验。	形式启发

注：辅助实验员根据现场录音提取

附录 12 学生第二次方案讲述的采集、分类

编码	学生方案表述的记录的提取	分类
1B	市场上的沙发都是满足坐的功能，都很舒服，但是在生活中，沙发在看电视时是最常用的，<u>经过我简单的调查</u>，有多数人都是在沙发上看电视时睡着。经常腰酸背痛，是<u>姿势不正导致的</u>。我提出的沙发创意是一款智能沙发，可以<u>感知人的动作</u>，当发现人坐姿长时间不动的时候，就可以<u>自动翻折成平躺的模式</u>，并且可以有自动调节温度的系统，这样保证人们<u>睡觉不着凉</u>。同时在扶手处还有触摸面板，可以在平时调节沙发的造型切换。	需求启发
2B	在上一个设计中，我做的是考虑老年人问题的家具，这次我还是考虑老年人的需求，中国的老年人愿意吃热菜热饭，这是中国的餐饮习惯，但老年人吃饭慢，时间长了饭菜会变凉，我这次设计的是一款<u>恒温的餐桌</u>，通过电磁技术及金属盘，保持菜恒温，使老年人吃到恒温的饭菜。还有就是<u>人多吃饭的时候，菜多的情况下</u>，有些菜上来等到其他做好时都变凉了，所以这款餐桌也适用于这种情况。	需求启发
3B	在调研时，我发现吊灯的设计基本就是样式的变化，或者光色的切换，还有就是添加风扇功能，等等。我设计的是一款可以折叠的吊灯，由 5 个圆形灯盘组成，可以蓝牙连接到手机，接收手机的定时功能，在夜晚时可以展开当正常吊灯使用，在定时起床时，可以翻转成球形，按照手机网络时间模拟太阳发光通过阳光叫醒使用者，防止一些人关掉闹钟的<u>赖床行为</u>，增加与<u>灯具的互动</u>，阴天的时候折叠可以全面照射到屋子角落，<u>增加照射面积</u>。	需求启发
4B	第二回方案我设计的也是椅子，但主要是考虑<u>座椅和躺椅的切换</u>，因为有时候我们家里<u>空间比较小</u>，很少有购买躺椅，我设计的就是能满足两用的椅子，通过钢管的高低处和椅子的形状的卡位角度切换，<u>简单实现转换</u>。造型上我采用了流线形态，充分考虑了产品语义和功能主义的美感。	功能启发
5B	我的第二次设计还是鞋柜，但主要是考虑用科技解决问题，因为我们每天鞋里面都会<u>产生很多细菌</u>，有时候还潮湿，更容易产生细菌和异味，我这款鞋柜可以通过紫外线消毒和喷洒香薰的气雾剂来防止细菌和异味，里面有多层空间，可以放不同种类的鞋子，可以单独除菌，通过面板可控制强度和时间，整体外形反映这款鞋柜的科技感。	问题启发
6B	我设计的鞋柜主要是可以<u>挑选鞋和模拟搭配</u>，因为我们女孩的鞋是很多的，每天<u>出门换鞋</u>就得用很多时间，穿了脱，脱了穿，非常麻烦。我这款鞋柜能够放很多鞋，大约 20 双，而且可以在放鞋时扫描成立体图像，在选鞋的时候，屏幕会出现使用者的形象，这样就通过<u>虚拟的形象搭配虚拟的鞋子</u>，直至满意了，再选择出鞋，鞋子自动从取鞋口弹出，通过屏幕还可以实现很多互动。	需求启发
7B	上一次我做的公共设计是蜘蛛网的形态，这次我做的是一个能够<u>与环境产生互动</u>的彩虹座椅，在多雨的时候，人们的<u>心情很沉重</u>，草坪上的公共设施成了摆设，不能吸引别人的注意，也不能互动，根据这个需求，我将座椅设计成彩虹的形状，并采用遇到水可以变色的材料，例如日本的樱花伞，下雨落到伞上就可以显示出樱花花瓣，这样下雨时椅子就会出现彩虹的七彩，吸引游客来观看，随着雨水的蒸发，彩虹便渐渐消失，变回正常的公共长椅，人们可以随时<u>往上面泼水</u>，<u>也会显示彩虹色</u>，这样加强了趣味性和<u>互动性</u>。并且绿色的草坪需要颜色的点缀，人们的<u>心情也会随着色彩而变得愉快</u>。	需求启发

编码	学生方案表述的记录的提取	分类
8B	我设计的是一款电子衣架。很多人的衣服不是每天都能清洗的，尤其是西服和一些衬衫，但每天衣服都会遇到污渍和细菌的污染，特别是<u>在疫情的时候</u>，每天回来<u>衣服会携带病毒</u>，普通衣架只是考虑挂衣服的功能，我这款衣架可以<u>每天将下班的衣服挂在上面</u>，内部的喷洒系统会自动杀毒除菌，有些污渍通过紫外线照射可以检测出来，可以做到局部清洗，<u>避免了反复洗衣服对衣服的损伤</u>。并且，衣架的外形体现了科技感，改变了衣架的形式。	需求启发
9B	我设计的是一款在室内空间使用的<u>小型空间家具</u>。有时候在家里，学习和工作就得需要书房，但<u>没有书房的家庭</u>就很容易受到家人的干扰，<u>小的空间学习和工作会更加能够集中精力</u>。在我设计的小空间家具里，只有灯和桌椅，门可以向外拉伸开启，并且有着排风设备，保持空气畅通。	需求启发
10B	在疫情下，<u>人员密集的地方</u>，例如<u>饭店、快餐店</u>，需要停下来吃饭，吃饭时<u>不戴口罩</u>，就需要<u>避免空气中的病毒传播</u>，我设计的屏风也可以称作是围栏，塑料壳体里面带有空气循环和净化系统，可以添加消毒液或酒精，在吃饭时或者不戴口罩的情况下，做到通风循环，使人能够放心就餐。	需求启发
11B	我设计的是一款概念的寝室空间家具。在中国的大学寝室，<u>开敞的空间，没有隐私和学习环境</u>，一些好条件的寝室采用上面休息下面学习，很浪费资源，并且<u>没做到防止干扰</u>，我的设计是依旧采用上下空间利用的形式，封闭<u>形成两个小型空间</u>，能够实现寝室里的<u>独立环境</u>。	需求启发
12B	我的设计是一款图书馆使用的智能读书椅子。现在图书馆的书很多都是电子书，而且，人工智能能够识别电子书<u>进行朗读</u>，那么图书馆的集体<u>学习方式应该被打破</u>，这种个人的<u>听书空间</u>就是我觉得的<u>未来图书馆</u>的一种方式，里面会配有耳机和选书电子屏幕，会有更多的学生喜欢去图书馆。	需求启发
13B	我设计的是一款智能化妆台。化妆镜子采用<u>高科技传感膜</u>，并且带有<u>智能分析软件</u>，当化妆的时候，通过摄像头就能把使用者的形象投在镜子上，镜子上会显示和使用者皮肤及发型<u>有关的分析</u>，这样可以<u>提醒使用者的皮肤健康和头发健康</u>，使用者也可以通过对镜面的<u>互动来选择更多的功能</u>。造型采用大弧线的设计，材料选择金属和塑料，突出概念性和科技性。	需求启发
14B	我设计的是一款智能床头柜。因为现代人睡觉前基本都玩手机，<u>手机上有很多细菌</u>，所以，除了放东西和抽屉功能，我加入了手机消毒功能，上面的面板会上升，底下带有<u>紫外线光消毒</u>，手机可以放在里面，也可以夜间起到照明作用。	问题启发
15B	针对现代疫情环境，人们开会的形式发生改变，尤其是<u>上网课需要视频的时候</u>，视频的背景很难选取，有时候乱糟糟的环境，<u>影响了开会也暴露了个人隐私</u>，所以我设计的是一款高靠背的半围合的沙发椅。在开会的时候，桌子上电脑的摄像头会照到椅子的靠背内部，不会暴露隐私，桌子是能够从椅子里拉出来的，平时推回去可以节省空间。	需求启发

编码	学生方案表述的记录的提取	分类
16B	我设计的是一款智能的茶几。因为市场上茶几的功能都是放东西和收纳，很多就是样子的改变，所以我想出了<u>一个概念</u>，就是茶几也是家里的<u>景观</u>，可以用智能的<u>全息投影技术</u>，将茶几中间投出想要的图像影像，这样还会<u>产生立体效果</u>，不止是放东西用。我设计效果图中<u>虚拟了春夏秋冬四种风景变化</u>，图案的选择可以连接手机，用手机选择，增加了<u>家具和人的互动性</u>。	功能启发
17B	我设计的是一个老年人智能茶几。因为我发现很多老年人喜欢下棋，并且面对面下棋，那么，现在的环境<u>越来越没有</u>提供给老年人下棋的地方了，所以我把茶几的面设计成<u>电子棋盘</u>，老年人可以在家里相互通信，并且通过摄像头，可以面对面聊天，这样<u>解决了面对面下棋的问题</u>，老年人的<u>生活也充满乐趣</u>。按键设计集中在屏幕上，因为是老年人，所以智能按键和交互方式一定简单，<u>老年人能够独自操作学会使用</u>。	需求启发
18B	我这次设计考虑到了家具的<u>提醒功能</u>。现代<u>人沉迷手机</u>视频、游戏，有时候在一起坐着也<u>互相不交流</u>，我设计的沙发是向两个方向扭曲的，这样虽然人坐在上面感觉不到<u>两个方向的不同</u>，但是当人起身看到这个沙发时，就会<u>产生不舒服的感觉</u>，想要把沙发扭过来，这时候就会想到<u>更深的含义</u>，玩手机会增加内心距离感，这就是我的设计的本意。	需求启发
19B	我调研时的双人床的问题有一个<u>解决不了的事情</u>，就是<u>两个人睡觉时打呼噜会相互影响</u>，影响睡眠，感冒时睡在一起也会加重传染，但家里还不能没有双人床，所以我设计的是一款能够<u>发现打呼噜并且自动分离</u>还能升出隔板的电动双人床，也能通过控制解决这个问题。	问题启发
20B	我设计的是一款家里用的智能茶几，除了放东西之外，<u>还能和使用者做游戏互动</u>，屏幕会产生表情，还可以<u>用手机召唤</u>，夜间能够发出弱光照明。	功能启发
21B	这次我设计的是一款<u>办公椅</u>，办公室平时<u>交流时会相互干扰</u>，这款办公椅能够围在一起实现<u>小型的会议</u>，<u>打造一种新的开会模式</u>，增加会议乐趣，外形采用弧线型，连起来像花瓣一样。	需求启发
22B	我设计的是一款<u>折叠的桌椅</u>，可以简单翻折就形成桌椅的切换，材料选用塑料材质，轻盈方便，适合年轻人在公寓使用。	功能启发
23B	我觉得未来的家具应该是<u>定制化</u>的，因为批量生产的家具已经满足不了未来<u>人的个性需求</u>，所以我设计的是一款 AI 定制椅，<u>通过给设计师提供个人资料及兴趣爱好</u>，例如身高、性别、星座、爱好等，家具设计师就会利用 AI 技术和参数化设计，<u>自动生成很多款客户喜欢的样式</u>，<u>最终选择一款通过 3D 打印技术和材料实现</u>。	需求启发
24B	我设计的是一款儿童的屏风、围挡，算是一种玩具也算是儿童家具。因为这款围挡可以提醒儿童建立自己的领地和空间，比如放在墙角，就可以<u>制造一个自己的小城堡</u>，这样增加了儿童与产品的<u>互动</u>，也能增加儿童的动手能力，材料选择食品级发泡塑料，造型可以多变，我图上的<u>造型是一个小城堡</u>，还可以设计成森林或者动物，增加儿童对自然的热爱。	形式启发

编码	学生方案表述的记录的提取	分类
25B	我设计的是一款学习桌。通过设计调研，发现小学儿童学习时，最大的问题就是坐姿不正和注意力不集中，所以我设计这款学习桌带有形象捕捉及语音提醒功能，当孩子无意间发生坐姿问题时就会纠正提醒，也可以设定学习时间，提醒孩子休息，并且可以集成一些电子学习材料和教学资源，采用朗读的形式播放，辅助孩子学习，增加互动性。	问题启发
26B	我设计的是一款儿童家具，儿童储物柜，放在大人衣柜的旁边，大人可以提醒、示范给儿童收纳习惯，加强互动。我设计这款首先是一个简单的大机器人造型，可以吸引儿童的好奇心，然后儿童会辨识机器人的部位，例如手臂还是腿或者是鞋子部分，这样启发儿童按照机器人的部位去收纳物品，通过互动，培养3—6岁儿童的识别物品和分类的能力，养成好习惯。柜子表面用透明亚克力材料，这样里面摆放不好会显得很乱，影响了机器人的样子，这样儿童也会产生将物品整理整齐的心理，养成整理的好习惯。	需求启发
27B	我设计的是一款家里用的多功能沙发。因为现代人的生活离不开手机，手机屏幕很小，需要投屏，这样我设计的沙发既能够创造一个私人空间，又能够将手机投到自带的屏幕上，增加使用乐趣，减少对眼睛的伤害。沙发还能够通过结构自动开合，不用的时候缩小体积。	功能发现
28B	我设计的是一款家庭用的可以健身的坐具，能够结合简单的健身工具，满足年轻男性的健身需求，比如上举重物、拉伸等功能，实现健身功能。	功能启发
29B	我发现现代人在家中偶尔需要蜗居的感觉，又很难简单地实现，要不就是体积过大，要不就是很怪异，所以我设计的是一款通过简单翻折就可以实现蜗居空间和躺坐功能的沙发，采用硬度适中的软体硅胶材质就能实现翻折，增加家具和人的互动性与使用乐趣。	需求启发
30B	我的设计出发点是避免家具的浪费问题，很多孩子的家具随着他年龄的增长就抛弃了，我设计这款蹦床式的座椅，在小时候孩子可以当蹦床使用，长大后就可以当一个弹力座椅使用，增加使用寿命。	功能启发
31B	我发现坐在沙发上看恐怖片的时候会变得很冷，找垫子抱，或者在难过的时候会感到很孤独。我设计的沙发的垫子是一个简易的人形，当遇到需要拥抱的时候，就可以裹在身上，减少孤独感和恐惧感。	问题启发
32B	我设计的是一款多功能座椅，通过座椅的结构和几种模块化的材料，能使座椅变成靠背椅、矮桌子或者各种尺寸的坐具，满足使用者的互动性和使用需求。	形式启发
33B	我设计的是一款科技屏风面板，可以折叠并打开，上面带有摄像头、语音播放器和显示屏，网红直播的时候可以围起来，可以塑造一个小环境。	需求启发
34B	我设计的是一款将躺椅和靠背沙发混合的家具，传统的沙发考虑的是对称性，我这个设计故意不对称，反而提供给使用者两种休闲状态，提醒使用者坐姿的切换带来的不同感受，体现简单的形态和轻盈的设计感。	需求启发

编码	学生方案表述的记录的提取	分类
35B	我设计的是一款智能茶几。在中国的北方，茶几一般在客厅看电视、喝茶时使用，但由于北方冬天室内很凉，会产生冻脚的感觉，不利于健康。我设计的茶几底部具有恒温面板，可以暖脚，上面的面板处有电磁烧水功能，可以烧水冲茶，在夏天，左侧的设备具有加湿的功能，解决北方干燥问题。	问题启发
36B	我设计的是一款老年人的按摩沙发椅，内部具有播放音乐功能，可以播放评书、故事等，老年人通过面板可以选择播放。这款椅子可以放在养老院，体现对老年人的科技关怀。	功能启发
37B	我设计的是一款对坐式沙发椅，可以盘腿在上面，有时现代人面对快节奏的生活需要安静地冥想，这款沙发椅就创造了冥想的环境，沙发椅的顶部采用橘色亚克力，创造一种夕阳的黄昏感。也可以对坐加强情侣交流，可以提供独立使用的小环境。	需求启发
38B	我发现在公共的环境里，一些哺乳期的女性没有合适的哺乳条件，所以我设计了一个简单的哺乳座椅，座椅使用半封闭的空间，并且单向玻璃会使里面的使用者不会感到压抑，旁边还有陪伴的座位，也可以等候哺乳时使用。	需求启发
39B	我设计的是一款儿童座椅。我调研发现儿童的婴儿床使用寿命很短，当年龄增长就被抛弃了，所以我设计的这款座椅在平放时会当婴儿床使用，但直立后就可以继续当成一个座椅使用，使儿童家具的使用寿命增强。	问题启发

注：辅助实验员根据现场录音提取